JN056576

ペットが死について知っていること

伴侶動物との別れをめぐる心の科学

ジェフリー・M・マッソン
青樹 玲＝訳

草思社

LOST COMPANIONS

Published by arrangement with St. Martin's Publishing Group
through Japan UNI Agency, Inc., Tokyo

index

12 癒しの儀式 亡き動物たちを刻む

＊行間の数字は注で、巻末に収録している
＊［］は訳者による補足

Preface

My Encounter with the Angel of Death

はじめに

死の天使との遭遇

ぼくらが少年の日に
友達になってくれたイヌは、
友情について、愛情について、
また死について、
実に深いことを教えてくれるものだ。
スキップこそは本当にぼくの兄弟であった。
スキップは庭のニレの木の下へ葬った、
とぼくの両親はいった
——だが、それは
百パーセントの真実ではない。
なぜなら、本当はスキップは
ぼくの心の中に葬られているからだ。

——ウィリー・モリス『マイ・ドッグ・スキップ』
（中西秀男訳）

フランス・ドゥ・ヴァールの素晴らしい著書『ママ、最後の抱擁——わたしたちに動物の情動がわかるのか』をちょうど読み終えたところだ。この本のタイトルにある「ママ、最後の抱擁」という言葉は、異種間に生まれた絆がもたらした、類まれなる瞬間を表している。「ママ」はメスのチンパンジーだ。オランダのアーネムにあるバーガース動物園内の大規模なコロニーを家母長として率いてきた彼女を、研究者たちはそう呼んでいた。ママは長い年月の間に、オランダの著名な動物学者ヤン・ファン・ホーフ（ユトレヒト大学動物行動学名誉教授。バーガース動物園のチンパンジー・コロニーの共同創設者）に心を許すようになっていった。59歳を迎える1カ月前、ママは死の床にあった。彼女の友人ヤンは80歳になろうとしていた。2人は知り合ってから40年以上になるが、長いこと会っていなかった。ママが死にかけていることを知ったヤンは、彼女にさよならを告げにコロニーを訪れる。2016年のことだ。このときの様子を携帯電話で撮影した映像を見て、私はとても驚いた。チンパンジーたちが実際に暮らしているのは、動物園内の森林におおわれた島だったのだ。世界でも類を見ない規模の飼育環境といえる（それでも私にとってはある種の捕獲状態に見えるが、この議論は別の機会に譲ろう）。ママはケージに入れられていた。飼育員がなんとかしてエサを食べてもらおうとしていたのだ。わらで作ったマットの上に横たわるママは、じっとしたまま食べることも飲むこともしない。このあとに起きたことは、この1000万回以上再生された動画が伝えている。[*1] 私も胸が張り裂ける思いで見守った。

飼育員たちがスプーンでエサを食べさせようとしても、ママは食べ物も飲み物も受けつけない。気力もなく、ほとんど反応しないのだ。最期はすぐそこまで近づいているように見えた。ところが、そこへヤンがやって来て、ママを撫で始めた。すると彼女はゆっくりと身を起こし、ヤンを見上げたのだった。初めは誰なのかわからず、少し混乱した様子だったが、まもなくヤンだとわかったようだ。突然、かん高い喜びの鳴き声をあげた。ヤンは彼女を撫でながら「そう、そう、私だよ」と何度も繰り返す。彼女は満面の笑みを浮かべて手を伸ばし、指でヤンの顔に触れる。とても優しい手つきだ。ヤンは耳心地のよい優しい言葉で彼女をなだめる。彼女はヤンの髪を指でといてやり、ヤンは彼女の顔を撫でる。繰り返し頭を触ってくる彼女に、ヤンは「そうだよ、ママ、そうだよ」と声をかけ続ける。ママは2人の顔が触れるほど、ヤンを引き寄せる。彼らは明らかに言葉にならないほど感動していて、ヤンはもはや無言でママの顔を撫で続けている。それからママは再び身を沈めると、胎児のように丸くなってしまった。その数週間後、ママは亡くなった。この2人の最後の再会を見て、感動で涙を流さない人などいないだろう。

だが、なぜなのか。なぜ人は種の境界を超えた愛を見ると、泣きたくなるのだろうか。それは私たちが太古の昔から、異なる種とつながりたいと深く焦がれてきたからだろう。私たちは家畜化された2つの種――犬と猫――との絆を難なく築き得るようになったが、これはほとんど奇跡に近いことなのだ。ほかにも、馬や鳥と絆を築く人たちはたくさんいるし、完全に野生の種と心を通わせる人もいる。こうした事例については、すべて本書で取り上げていきたい。だが、ここで私が触れておきたいことは、私たちが成し遂げたこうした奇跡や、その成功体験がもたらした驚きや喜びだけではない。やがて終わりがやって来たときに知る、動物たちを失いたくないという感情――愛する人間と引き離されるときに劣らないほどの強い感情――が存在することも、ぜひお伝えしておきたい。私たちにとって最も辛い試練は、愛する親密な存在を亡くすことだ。それは母親や父親かもしれないし、わが子、友人、配偶者、家族のように愛してきた動物かもしれない。『ママ、最後の抱擁』の主人公たちが動画で見せたような現象は、相手が野生の動物や、捕獲された動物であっても起こり得る。死には両者の隔たりを消し去ってしまうほどの威力がある。誰が誰を嘆いているのかなどはどうでもよくなってしまう。両者にとっては、目の前に深い悲しみがあるだけなのだ。

この本の執筆に没頭している最中に、ユングが「大きな夢（ビッグ・ドリーム）」と呼んだ夢――つまり、重要な意義を持つ夢のことだ――を見た。私と妻レイラの目の前に突然、弓を持った女性が現れる。背には矢がぎっしり詰まった矢筒を負っている。死の天使（エンジェル・オブ・デス）だ。彼女は私に提案をした。矢で心臓を射抜かせてくれれば、もうひとつの人生を与えるというのだ（新しい人生が始まるのか、いまの人生が長くなるだけなのかはわからない）。「痛むでしょう。そして、たくさんの血が流れるでしょう」彼女は説明した。それでも、長く生きることができるのなら……。そう考えた私は、彼女の提案を受け入れた。ただ、そのときがいつ訪れるのかは、教えてもらえなかった。後日、といっても、まだ夢のなかだが、私は23歳の息子イランと一緒に丘でサイクリングをしていた。私の自転車の車輪が外れてしまい、イランが修理をするために洞窟に入ったとき、突然、空の色ががらりと変わった。ついに、そのときがやって来た。私はそう悟り、これまでの現実の人生で感じたことのない感覚――恐れと興奮の入り混じった感覚――を感じていた。だが、この感覚を再び味わうことはないと悟ってもいた。心安らかでもあり、同時にひどく怯えてもいた。極めて苦しい瞬間がまさに訪れようとしているとわかっていたからだ。死の天使が、再び私の前に姿を現した。彼女は「いまがそのときです」と言うかのように、うなずいた。そして矢筒から鋭利な矢を抜いて弓につがえ、弦を引くと、私の心臓に狙いを定めた。私は一撃を受け止めようと身を構えた。「これだ」頭のなかで唱えた。「これが人生で最も重要な瞬間なのだ」。かつてないほど怯えながらも、強烈な好奇心が湧き起こっていた。これから何が起こるのか、知りたくてたまらない。突然ここで目が覚めた。心臓がどきどきしていて、まだ夢のなかにいるようだった。こんな感覚は知らなかった。死の天使との取引ではなく、彼女が2度目に現れて空の色が変わった瞬間の、自分自身の感覚に私は心打たれていた。これまでの現実の人生で感じてきたいかなる感覚とも違う、説明のしようがない、夢のような感覚。日が経つにつれ、薄れてきてはいるが、たしかに感じていたことは覚えている。だが、言葉にしようとしても、すでに知っているほかの感覚にたとえてみようとしても、どうにも無理なのだ。私の心が最も強烈に揺さぶられたのは、空の色が突然変わったときだった。深い闇、そしてまた光。いまから世界に何か重要なことが起ころうとしている、そんなふうに思えたのだ。だが、この現象が自分だけに起きていることを知った。世界はなにひとつ変わらなかった。

ただ自分の運命だけが変わったのだった。死の天使が最後に目の前に現れたとき、私は怯えながらも、ある種の恍惚感を味わっていた。「死は、終わりではない」そう思った。実際はそこまで言葉にして考えていたわけではなかったが……。私はその先をとても知りたかったので、突然目が覚めたときには深く失望してしまった――誰かが起こしたわけではなく、自分で目を覚ましたのだ……きっと飛んで来る矢が怖かったのだと思う――もう何が起こるのかを知ることはけっしてないだろう。ただの夢とはいえ、とても残念だ。矢に射られるときは痛むのだろうか。それでも、私は命を落とさずに乗り切って、人生の時間をもう20年なり30年なり、与えてもらえたことを知るのだろうか。

死をテーマにした本書を書いているときに、この夢を見たことには少なからぬ意味があるのだろう。わが家の愛犬ベンジーに最期が迫っていることを思えばなおさらだ。彼はいまベルリンでイランとともに暮らしており、14歳の誕生日を迎えようとしている。ベンジーのためなら、死の天使とも喜んで取引をしたい――なんなら天使に私のこともお願いしてみようか。なにせ80歳はもうすぐそこなのだ。命の終わりが迫るなかで、もっと生きたいと願うこと。これほど人間らしい感情があるだろうか。これは普遍的な欲望でもあり、私たち自身に対してだけでなく、人生をともにする動物たちに対しても抱くものだ。私たちは彼らにもっと生きてほしい、私たちよりも先に逝かないでほしいと願っている。

この地球上には、私たちが瞳をのぞき込んで反応を確かめようとしても、それがかなわない動物種（たとえば昆虫や爬虫類）もいる。目を合わせてみても、内面を読み取れない動物もいるのだ。もちろん、その瞳から何も読み取れない動物には感情がない、などと言うつもりはない。単に互いの波長が合わないだけだと思う。一方で、私たちと波長の合う動物たちもいる。まずなんといっても犬や猫たちだ。だが、野生動物たちの目にも、深い感情の発露を見ることがある。彼らの心がすっと入って来る瞬間があるのだ。

「anthropomorphism（擬人観）」――ほかの動物に対して、人間に特有の思考や感情を当てはめる考え方――に対する懸念から、最近では「anthropodenial（人間性否認）」と一部の科学者が呼ぶ立場が支持されつつある。ほかの動物に人間との類似性を認めないという、例のありふれた考え方で、とりわけ感覚や感情を重ねることを否定するものだ。たしかに、私たち人間よりも、一部の動物たちのほうが実際に深く感じる感情（犬の愛、猫の満足感、ゾウの嘆き）もあるだろう。これについては後述しよう。だが、この分野については研究者の意見が分かれるところでもあり、まだ十分な探究がなされていない現状もある。

生き物が互いを最もよく理解するのは、死に際したときだろう。そのときになって、突然何かを理解するのだ。私たち人間も、きっと動物たちも。だが、その何かを言葉にするのは難しい。知って、感じて、認知して、理解しているのに、なかなか言葉では表現できない、説明のしようもないもの。愛犬の最期に立ち会ったことがある人なら、私の伝えたいことをわかってくれていると思う。驚いたことに、私たちは犬よりもはるかに遠い「異世界の」種――たとえばクジラだ――を相手にも同じ現象を体験することがある。英BBCニュースのアンドレアス・イルマーの記事が、米国人旅行ブロガーのリズ・カールソンの体験を伝えている。ニュージーランドの人里離れた海岸で友人とハイキングを楽しんでいた彼女は、145匹のクジラが打ち上げられ、死にかけている光景に遭遇する。[*2]「驚きのあまり言葉を失ってしまいました」彼女はBBCに話した。「夕暮れどきに海岸に行くと、浅瀬に何かがいるのが見えました。それがクジラたちだとわかると、私たちは荷物をすべて捨てて、寄せる波のなかへと飛んでいきました」

彼女は、野生のクジラを見るのは初めてではなかったとしながらも、こんな心境を吐露している。「心の準備ができるようなものではありません。とにかく恐ろしい光景でした。いちばん辛かったのは、自分を役立たずに感じたことです。大きな声で鳴き合うクジラたち。仲間に声をかけ、クリック音を鳴らして交信し合う彼らを前に、私は何もできなかったのです」

友人のジュリアン・リッポルは助けを呼びに行った。

彼女はたったひとりで絶望の淵にいた。「一生忘れないと思います。あの鳴き声も、そばに座る私を見つめる彼らのまなざしも。そして、必死で泳ごうとしても、体の重みのせいで、さらに深く砂に沈んでいった彼らの姿も」彼女はインスタグラムに綴っている。「私は完全に心が打ちくだかれてしまいました」

これを読んでいる皆さんも、彼女と同じ思いを抱いていることだろう。私が最も心を揺さぶられたのは、クジラたちが彼女に助けを求めたことだ。まさに旅立つ瞬間の愛犬たちと同じではないか。愛犬たちの瞳に浮かぶ「あなたには何もできないの」というメッセージ。彼女はそれをクジラたちから受け取った。だからこそ、「心が打ちくだかれた」と言ったのだ。答えは「ノー」以外にない、自分にできるのは最期を見届けることだけ、そう思いながら……。

本書は最期を見届けることについての本だ。私たちが死の天使になれるかといえば、残念ながら、それは難しいだろう。愛する存在のために取引をする権限など持っていないからだ。だが、私たちは無力ではない。愛する動物たちの死をただ見届ける以上のことができる。そう、最後の一瞬一瞬を生きようとする動物たちに寄り添うことで、彼らにとてつもない力を与えることができるのだ（そして私たち自身も力をもらうはずだ）。この本では、そうした場面の実際を見つめながら、最期を迎える動物にどう寄り添えば最も力になれるのか、私やほかの人たちが見いだしたことをお伝えしていきたい。私たちが実際に「そばに」いるとわからせてあげるだけで、動物たちの旅立ちはまったく違うものになる。私たちはせめてそれだけでも、彼らに恩返しすべきなのだ。たしかに胸が張り裂けるような瞬間になるだろう。だが、最期に立ち会った人たちに話を聞いてみると、みな口を揃えて、自分のためにも愛する動物のためにも、そうしてよかったと教えてくれる。そばにいて、全力で寄り添えたのだから、と。

INTRODUCTION

Grieving for an Animal Is What Makes Us Human Animals

序論

人間は動物の死を悼む動物である

もの言わぬ友が旅立っていくとき、
たまらなく悲しいのは、
ともに過ごした長い年月まで
一緒に連れて行ってしまうことだ。

——ジョン・ゴールズワージー

犬や猫やほかの動物にずっと愛情を注いできて、ふと最期が近づいていることに気がつくと、私たちは呆然として、とらえようのない感覚におちいる。頭のなかで絡み合うのは次のような思いだ。「私たちの人生にひとつの終わりが訪れている。あんなにも愛し、日々の暮らしの一部になっていた動物が去っていこうとしている。もうすぐ何もかもが思い出になってしまう。死の訪れはいつだって早すぎると感じるけれど、どうすることもできない」。これは人生をともにした人間に死が迫っているときに抱く思いとは違うものだ——

人間が相手なら、話しかけたり、思い出にふけったりすることができる。いまの状態について話し合うこともできる。だが、犬は最期を悟ると――犬にはそのときがわかると私は確信している――いつもとは違うまなざしを向けてくる。私たちは彼らが訴えていることを完全には理解してあげられないが、それでも胸が締めつけられる思いだ。

最近、ベンジーにやがて訪れる死について、あれこれ思い巡らすようになった。ベンジーはもうすぐ14歳になるゴールデン・ラブラドール・レトリーバーだ。この11年間、私と妻のレイラ、息子のイランとマヌーと一緒に暮らしてきた。ラブラドールの寿命は10歳から12歳なので、ベンジーの命の終わりはまもなくやって来るだろう。そのときのことを考えると、私はいたたまれない気持ちになる。とても苦しそうなベンジーを見かねた私は、獣医を電話で呼び出す。そして、腕のなかにいるベンジーに安楽死の注射を打ってもらい、そのまま命が消えていくのを見守るしかない。そんなときが来たらどうなるだろうか。私の心に浮かぶのは、深く問いかけるような表情で私の顔を見て、なめてくるベンジーの姿だ。なぜ私がこんな最期を想像するのかというと、これまでたくさんの人たち――友人や見ず知らずの人たち、私が著した動物の感情世界に関する本の読者たち――から、そんな最期の様子を聞いてきたからだ。一緒に暮らしてきた猫や犬などの動物の死ほど、彼らとのつながりの深さを身に染みて感じさせるものはない。動物の生命は人間の生命よりもはるかに短い。私たちは動物に死が迫っていることを知り、その避けがたい運命を前にどんなに心の準備をしていても、いざそのときを迎えるとショックを受けてしまう。それはなぜなのだろうか。おそらく、動物たちが私たちに助けてほしいという顔を見せるからだろう。彼らは死にゆきながら、どうか死なせないでと求めてくる。それはまさに私たちが叶えてあげたいと願いながら、叶えられないことだ。私たちはたちまち無力な気持ちになり、いわゆる「死」というものを突きつけられる。家族の一員であり、ある意味では家族を超えた――私たちの一部になった――動物が死を迎えようとしていることをはっきりと自覚するのだ。

伴侶動物の死について考える

私が友人たちに、こうしたテーマについて本を書こうと思っていることを伝えると、誰もが自分の物語を語り出した。オークランドに住む友人のグラント・ワッターズもそのひとりだ。沈着さを求められる検眼医の彼でさえ、「自分の犬が死んでしまうことより辛いことなんてない」と打ち明けてくれた。彼に言わせると、犬は最も高いＩＱを持っているわけではないかもしれないけれど、彼らのＥＱ、つまり感情知性は果てしなく高いのだという。私もまったく同感だ。

この本で、私はこうしたテーマを探究するために、伴侶動物（コンパニオン・アニマル）［人間とともに暮らす伴侶としてのペット］の死にじっくり向き合ってみたいと思っている。私に寄せられる多くの手紙のほか、動物を亡くした経験のある友人たちの声、そして、動物と連れ添う人間（ヒューマン・コンパニオン）——「飼い主（オーナー）」という偏った表現は避けよう——の依頼で安楽死を行ってきた獣医たちと交わした会話のなかに、考察の種を求めていきたい。犬や猫に焦点を当てながら、人間とともに暮らすほかの動物についても取り上げるつもりだ。私は、この何十年かの間で人々の意識が変わってきたように感じている。かつて伴侶動物の死はすぐに乗り越えるものとされていたが、いまでは亡くした動物を悼む行為は健全なこととして受け入れられている。本書では、喪失の体験がもたらす心の動きをつぶさに見つめていこうと思う。

犬や猫には、死という概念がないとされてきた。はたして本当にそうだろうか。推測の域を出ない話だという声はもっともだが、私が聞いたり読んだりしてきた話の多くが、実際には犬や猫が死の瞬間に、独特の表情で人間を見つめてくることを伝えている。まるで最期の別れであることを悟り、深刻な場面であることに気づいているかのようだ。いつもの「さよなら」とは明らかに違うということ。私は、犬にはそれがわかると確信している。おそらく、動物にとっての死も人間にとってのそれと同じように大きな意味を持っている。だからこそ私は思うのだ。人間と動物は、私たちが日ごろから好ましく感じているよりも、ずっと深くつながっていると。その感情的な絆の深さは、親子も同然だ。わが子を失いたくないと思う親の感情。動物を亡くすときに味わう感情はそれに近いものがある。

私はこれまで生きてきて、この本で取り上げるテーマについて考えなかった日はないくらいだ。多くの人も同じだろう。喪失の体験とはそれほどのものだ。私は幼いころ、最愛のコッカー・スパニエルのタフィと何年も一緒に暮らしていた。私が10歳のとき、タフィが裏庭で息絶えているのが見つかった。彼女はまだまだ生きるはずだった。両親の話によると、タフィは意地悪な近所の住人に毒殺されたのだという。その住人は、タフィが吠えたり庭を駆け回ったりするのを好ましく思っていなかったらしい。

当時の私は悲しみにのみ込まれてしまった。「親友」を突然亡くして、気丈にしていられる子供などいるだろうか。いまでも思い出すことができる。タフィの遺体を目にしたあの瞬間、どれだけ心が動揺したことだろう。そして、もう永遠にタフィは帰って来ないのだと悟ったとたん、涙がどっとあふれてきた。子供だった私は死というものを理解できていなかったかもしれない。だが、人生の何かを失ったこと、それがもう二度と戻って来ないことはよくわかっていた。誰も私を慰めることはできなかった。とにかく胸が痛かった。私が何より求めていたのは、寄り添ってくれる誰かの「わかっているよ」というひと言だったのだろう。だが聞かされたのは、子供の私にもわかる嘘だった。タフィはどこかはるか遠くで私を待っていて、また2人は一緒になれるというのだ。タフィは苦しまなかったとも教えられた。だが、紫色の舌を突き出したタフィの遺体を見れば、もだえ苦しんだことは明らかだった。毒で殺される犬が苦しまないわけがない。私はこの初めての死別体験をなかなか乗り越えることができなかった。79歳になったいまでも、あのときの気持ちを思い出すことができる。この先も喪失感が消えることはないだろう。

伴侶動物を亡くした悲しみは、広く語られるテーマになってきたようだ。つい先日も、作家のジェニファー・ウェイナーが米紙『ニューヨーク・タイムズ』に寄稿して、自らの喪失体験を語っている。"What the President Doesn't Get About Dogs"（大統領は犬を知らない）と題したそのコラムのなかで、彼女は自身の犬ウェンデルの最期を看取ったときの気持ちを「まるで世界が崩れ去ったかのようだった」と吐露している。私たちはこれまで、動物と人間の関係について、「私たち人間」と「彼ら動物」のようにずっと線引きをしてきた。だが、いまではその境目が消えつつあるのではないだろうか。ポップカルチャーを見ても、そんな傾向がうかがえる。映画『シェイプ・オブ・ウォーター』では、川で発見された「怪物」と、その命を狙う科学者が登場するのだが、怪物のほうが科学者よりもずっと深い愛情を持った存在として描かれている。

動物のことを実際に知れば知るほど、私たちは彼らの感情世界と認知世界の複雑さに気づかされる。ノンヴェジタリアン［非菜食主義者］（このトピックについては第8章で取り上げよう）なら誰もが、豚や牛の瞳をのぞき込んだ瞬間、これまでにない心地悪さを覚えるだろう。彼らの瞳は近所の顔見知りの人の瞳にそっくりだからだ。どんな気分になるのかを知りたければ、あれこれリサーチをする前に、ただ豚や牛の瞳を見てみてほしい。「なんて神秘的なのだろう」と感じる人もいるかもしれない。だが、これは「神秘」ではない。豚や牛も私たち人間と同じように、すべてが複雑にできている生き物であり、その感情をのぞき込めば、そこにはさらに複雑な世界が広がっている、ただそれだけのことだ。

かつてウィリアム・ウェストモーランド大将の発言に対して、人々が怒りに震えたことがあった。オスカーを受賞した1974年公開のドキュメンタリー『ハーツ・アンド・マインズ　ベトナム戦争の真実』のなかで、彼はこう述べた。「東洋では西洋ほど命の価値は高くありません。命がたくさんあるので安いのです」。彼は本心からそう言ったのだろうか、それとも方便として口にした言葉だったのだろうか。ともかく、彼は約300万人のベトナム人の命を犠牲にした責任を背負っていた。だから、ベトナム人は死に対して抵抗を持たない、そう考えることで、良心の呵責から少しでも逃れようとしたのかもしれない。1970年代以降、異なる民族や人間以外の動物に対する考え方は大きく変わった。犬やほかの動物は人間と同じくらい繊細な感覚を持っていて、人間と同じか、それ以上に心の痛みを感じることができる——こうした見方に異論を唱える人はいまだにいる。だが、かつてに比べれば、科学者たちも動物に繊細な感覚があることを、ずっと認めるようになってきている（といっても、私たちがすでに把握している動物たちに限るのだが）。さらに、この論争は、異なる民族間の公平性を認識すべきという議論にも多少なりとも影響を与えている。だがそもそも、ある人種や民族のほうが優れていると考える根拠など、どこにあるというのだろう。

動物の命に尊厳があると考えるなら、その死についても尊厳を認めるべきだろう。どんな動物の死も、厳粛さをもって受け止めなければならない。本書を手に取ってくださった皆さんなら、愛する動物の最期を悲しまずに見届けることなど、できないのではないだろうか。

インドでの悲しい別れ

私にもたくさんの悲しい思い出がある。そのなかでも、特に心から離れない出来事をお話ししよう。ずいぶん昔の話だが、インドの大学院に通っていたころに、ある犬と変わった出会い方をした。その犬の母犬が、私の家の前で車にひかれて亡くなってしまったのだ。事故の音を聞いて駆けつけると、息絶えた母犬のそばで、生後数週間くらいの仔犬が、絶望したような声で鳴き叫んでいた。どんな犬かと聞かれてもうまく表現できないのだが——インド人に言わせると「野良犬」ということになるのだろうか。テリアを思わせる感じで、とても小さな体がふさふさの白い毛で覆われ、耳の先だけに黒い毛が生えていた。私はその仔犬を家に入れてあげた。そのときから私とパピー——私がつけた名前だ——との数年間にわたる不思議な絆が始まった。そう、お察しのとおり、私はパピーの母親代わりになった。というより、彼のすべてになった。彼はけっして私のそばを離れようとしなかったのだ。

だが、パピーは体が丈夫なほうではなかった。私はサンスクリット語の博士論文に取り組みながら、ハーバード大学に戻る日が近づくにつれ、パピーをどうしようかと思い悩んでいた。マサチューセッツ州ケンブリッジまで連れて行くにも、パピーの体が持たないことがわかっていたからだ。そうこうするうち、ついにパピーを引き取ってくれる家族が見つかった。大学から遠く離れた、田舎に暮らす一家だった。

光栄なことに、私はインド有数の伝統的な学者（パンディト）のスリニバサ・シャストリと一緒に研究をする機会に恵まれた。シャストリは極めて優れたサンスクリット語学者だったが、英語をまったく話さなかったので、私たちは古典サンスクリット語で会話をしていた。そんな2人を見て、周囲はかなり愉快がっていて、目を丸くしている人もいた。厳格な正統派のヒンドゥー教徒である彼は、宗教上の理由から、外国人にサンスクリット語について詳しく教えることを禁じられていた。だが、私たちは互いにかなり意気投合していた。そこで、人目のない朝6時前の研究室を私が訪ねるという条件で、サンスクリット語を教えてもらえることになった。もともと早起きの私にはもってこいの話だった。

だがシャストリは、パピーを連れて来ることは認めてくれなかった。多くの正統派ヒンドゥー教徒がかつて抱いていた（あるいはいまもだろうか）、犬に対する偏見――犬は不浄であり触れてはいけない――が彼のなかにもあったのだろう。やがて、いよいよパピーを送り出す日がやって来た。車にのせられて、どんどん離れていくパピーの姿を、私はとても悲しい気持ちで見守っていた。車の後部座席からじっと私を見つめるパピーの瞳には、不信感と、手に取れるほどの苦しみがあふれている。パピーにとって、こんなふうに私と離れ離れになるのは初めてのことだった。

翌日も朝6時に、シャストリの研究室に行った。私は悲しみに沈みながら、自分の気持ちを彼に説明した。彼はあまり共感できないといった様子で聞いていたが、サンスクリット語で「犬への愛」を意味する*Kukurrasneha*（ククラスナハ）という言葉を教えてくれた。ヒンドゥー教の聖典からの引用ではなかったが、この言葉がインドの大叙事詩『マハーバーラタ』の素晴らしい物語に出てくることを、あとになって知った。彼がなぜこの物語の言葉を引いてくれたのか、それはあとの章をお読みいただければわかると思う。30分もすると、ドアのほうから、ごそごそっという音が聞こえた。私たちは不信な面持ちで互いを見た。こんな時間に訪ねて来る人などいるのだろうか、何を目当てにやって来るのだろう、シャストリは問題のある生徒でも抱えているのだろうか……。そんなことを思いながら、私はドアを開けた。誰もいない。すると駆け込んで来たのは、なんということか、とても興奮したパピーだった！　私に会えた喜びを体いっぱいに表現してくれている。だがシャストリはその反対で、金切り声で叫びながら、机に飛び乗ってしまった。パピーに触れられて汚されまいと抵抗しているのだ。パピーのほうは嬉しさのあまり、見つけたものはなんでもなめてあげるぞ、とでも言わんばかりの勢いだった。

だが、そんなシャストリも、すぐに気がついたに違いない。パピーはこんな小さな体で、何マイルも離れたところに連れて行かれ、わずか1日後に、誰もいない大学をさまよってここまで来たのだ。あとで知ったのだが、バスに飛び乗って、大学最寄りのバス停で降りるパピーを見た人もいたそうだ。シャストリの態度はまるっきり変わってしまった。雄弁さと即興詩を作る才に恵まれた彼は、パピーを哀れみ深い目で見つめると、サンスクリット語の詩を詠んでくれた。「前世でも一緒だったパピーと私には、今生もともに生きるという業（カルマ）がある」、そんなメッセージが託された詩だった。

私はパピーとの不思議な再会にあ然としてしまい、何も考えられずにいた。彼がどうやって私を見つけ出したのかさえも、想像できなかった。私はパピーを家に連れて帰ることにした。シャストリからはとても強い口調でこう言われていた。どんな状況になっても、もう二度とパピーを見捨ててはいけない、たとえインドで私が（あるいはパピーが、だろうか）一生を終えることになっても、と。私の心はシャストリからの訓戒に従おうとしていた。だが、同時にジレンマを感じてもいた。

その日の夕方、私は親友のロバート・ゴールドマンに相談をした。彼もサンスクリット語を学ぶ大学院生で、私と同じく愛犬家でもあった。2人は、プーナの暑い夏の静かな夕闇に包まれて座っていた。私のひざの上で寝そべるパピーは、愛情たっぷりの瞳で見つめてくる。私を見つけられて、心から安心しているようだった。パピーはどんな思いを味わったのだろうか。私には想像することしかできない。どれだけ辛かっただろうか。私に捨てられたと思って怖かっただろうか。ふと、パピーが大きなため息をついた。小さな体全体を震わせて息を吐き出すと、愛を込めたまなざしでじっと私を見つめてくる。なにひとつ疑うことのない愛……。私は深く感動していた。すると、私を見つめるパピーの瞳にいつもと違う表情が浮かんだ。突然、パピーは動かなくなった。それが最期だった。

互いに悲しみ合う人間と動物

愛犬を亡くすという体験は、これが初めてではなかった。それでも、パピーの死は、親密な動物の死について考えるきっかけをくれた。私はこうした喪失の体験がもたらす悲しみについて、理解したいと思っている。そして、私たちと生活をともにし、家族の一員となってくれる——私はそこに疑問の余地はないと思っている——動物たちとの神秘的な絆について、さらに探究していきたい。

「犬は家族の一員である」ということに、読者の皆さんの全員、あるいはほぼ全員が同意してくれるだろう。だが、自分の子供も犬も亡くしたことがある友人たちは、私に手記を寄せてくれて、子供と犬とでは深い違いがある、と教えてくれた。彼らも、愛犬を亡くすことはとても辛い体験で、軽く受け止めていいものではなく、人生に深刻な影響を及ぼし得ることは理解している。そのうえで、犬を失うことと子供を失うことはまったく違う、と言っているのだ。私はこの意見に反論することはできない。子供を亡くしたことがないし、もしそうなれば、生きて耐えられるかもわからないからだ。きっと彼らの言うとおりなのだろう。だが、そもそも苦しみを比べることに、なんの意味があるのだろうか。大切なのは特に「部外者」——愛犬も子供も亡くしたことのない人——に対して、愛する動物の死は、人の心を打ちくだいてしまうような体験だと知ってもらうことだ。なかには意志をすっかり失ってしまう人もいる。「これだけのことが起きて、このまま生きていけるのだろうか」と思いながら、いつも涙のフィルムに包まれたような現実をやり過ごすようになるのだ。そしてふいに、心にぽっかりと空いた穴に落ちていく……。私には、愛する動物を亡くした人たちが、どんなふうにして深いうつ状態におちいってしまうのか理解できる。

人間を亡くす悲しみを理解しない人はいない。だが一方で、伴侶動物を亡くす悲しみについては、軽くとらえている人もいる。こんなことを言うと、気が滅入るかもしれないが、それが現実なのだ。たしかに、子供を亡くすことは最も辛い体験のひとつだ。それはここでお伝えするまでもないだろう。だが、犬やほかの動物を亡くす悲しみは、身をもって体験してみないと想像もつかないものだ。実際に動物を亡くした人であっても、激しい悲しみを抑えられない自分を恥じてしまう、と私に打ち明けてくれることがある。

動物の死によって、私たちがどれだけ深く絶望し、打ちのめされるのか。その現実を見つめるほどに感じるのは、動物と人間の絆はただの便利な道具でも、感傷的なものでもない、ということだ。私たちと動物とをつないでいるのは、まったく別のものなのだ。だが、私たちはそれを何世紀にもわたって認めたがらなかった。なぜか私たち人間は、動物が仲間のために悲しむということだけでなく、人間のためにも悲しむということ――実際にそうなのだ――を認めたがらない。たしかに人間は自らの悲しみほどには、動物の悲しみを理解できるわけではない。だがこの感情はどちらか一方だけに流れるものではない。人間が動物に対して悲しむように、動物も人間に対して悲しむのだ。今日では、人間以外の多くの動物にも悲しみの感情があることが明らかになっている。なかには人間と同じくらい激しく悲しむ動物もいるくらいだ（たとえばゾウがそうだ）。進化の歴史において、人間が愛する者のために悲しまなかった時代はない。それは多くの野生動物も同じだと私は信じている。生命が誕生してから現在に至るまで、自然界においても、人間の世界に負けないくらい、悲しみの感情が刻まれてきたはずだ。

1

Are You and Your Dog One?

人間と犬は一心同体か

犬と人間の結びつきは特別なものだ。
親と赤ん坊の絆をつくるオキシトシンが、
犬にハイジャックされてしまうのだから。

——ブライアン・ヘア

私たち家族の住まいはシドニーのボンダイ・ビーチの端にある。妻のレイラと私は朝と夕方に海辺まで行って散歩することにしているが、いつも驚かされるのが、たくさんの犬の姿だ。砂浜で犬を放すことは禁じられているため、リードを着けた犬や外した犬が海辺の端に広がる芝生の上を歩いている。その光景を目にすると、私はまるで宇宙を舞台にした映画を見ているような、そんな錯覚におちいることがある。なるほど、この惑星に住む人々は動物を飼っていて、動物はリードでつながれているようだ、地球に住む私たちと同じだ……。「ちょっと待ってくれ、これはすごいことじゃないか！　彼らの隣で異世界の生き物が歩いている。その生き物は親しみ――ときにそれは敬愛ですらある――のこもったまなざしで見上げ、彼らに付き従っている。その生き物――どんな種なのかはさておき――はまったく嫌そうにしていない。なんて不思議な光景なんだ！」。それから、私はふとわれに返り、ああ、これはまさに私たちの生きている世界だったのだと思い出す。私たちの隣にはこの「野生」の動物がいる。すっかり私たちの虜になってくれるけれど、私たちとは異なる世界に生きている動物……。そう、犬の心のなかを知らない、そして、知り得ない私たちにとって、やはり犬は異なる世界を生きる動物なのだ（愛猫家の皆さんからは、なぜ猫が出てこないのかという不満が早くも聞こえてきそうだ。だが、思い出してほしい。私たちは普通、猫にリードを着けて散歩に行ったりはしない。猫も私たちも楽しめないからだ。その理由についてはあとで取り上げよう）。それでも、私たちが握るリードの先にいる動物は、そんな状況を楽しんでいる。彼らは心から望んで、私たちのそばにいる。そして、私たちも彼らといることを心から楽しみ、彼らのそばにいたいと思っている。

レイラと私はそれから海辺に降りていき、澄んだ黄金色の砂浜が途切れるまで、1キロほど歩いた。目に入って来るのは、同じような光景だ。だが今度は、そこに犬の姿はなく、小さな子供たちが砂まみれになって遊んでいる。砂の城を建てたり、波が寄せる小さなプールを作ったりしながら、夢中になって笑いはしゃいでいる。その姿はまるで犬みたいだ。

かたわらには楽しそうに見守る親たちもいる――彼らもまるで犬と一緒にいるかのようだ。こんな光景を見ていると、犬と子供にはたくさんの共通点があるように思えてくる。子供たちはとても幼いので、私たちは彼らの心のなかを知ることはできない。彼らが幸せで、まさにいまここに生きていることはわかるが、何を考えているのかを知ることはできない。それは犬も同じだ。小さな子供と犬を前にすると、私たちはいつもそうなってしまうのだ。

「異世界」の生き物への思慕

犬と人間が互いに一緒にいることを楽しんでいる。これは驚くことではないのだろう。皆さんもお気づきのとおり、どこにでも見られる日常の光景だ。だがやはり、実際は驚くべきことなのだと私は思う。なぜなら、かつては、異種の動物が私たちとの時間をこれほど楽しむことができるという可能性について、理解されていなかったからだ。私としては、犬の様子を見れば、彼らが心から幸せを感じていることがわかるし、そこに疑いの余地はないと思っている。だが、ほんの10年前だっただろうか、私は科学者たちから「あなたは自分自身の感情を、犬に投影している。実際には、犬がどんな感情を抱いているかを知ることは不可能だ」と忠告されたものだった。たしかに、次のような見解があることは承知している。「感情は客観的なものであり、測ることができ、他者の目でとらえることができる。一方で、感覚は内的なものであり、本人以外にはわからない」。いまや一般的になりつつあるこの考え方に沿うなら、動物に感情があることはわかっても、その感情を「どう感じているのか」はわからない、ということになる。だが私は、この見解にはどこか無理があるように感じるのだ。というのも、犬が幸福を感じることについては、もはやほぼ誰もが——私に忠告した科学者も含めて——前向きに認めているからだ。では、犬は幸福を、隣にいる人間と同じように感じているのかと問われると、はっきりそうだとは答えられない。少なくとも神経質な哲学者を完全に満足させられるほどの確信は持てない。だが、犬は私たちが感じる幸福にとても近いものを感じている、それはたしかではないだろうか。私自身はそう確信している。さらにいえば、犬が感じる幸福は人間のそれよりも良質で上質なものなのだ。なにひとつ混じりけがない、純粋な幸福といおうか、私にはそう見える。しかも、犬は多くの人間に対して、そんな幸福を感じていると思う。だから私たちは犬と一緒にいたくなるのだろう。犬がもたらしてくれる純度の高い幸福感は、犬と一緒でないと味わうことはできない。

　レイラは小児科医だ。光栄なことに、私はボンダイ・ビーチのわが家で彼女の働く姿を見せてもらっている。母親たちは子供——新生児から10代後半の少年少女まで——を連れて診察を受けに来る。もちろん父親が来ることもあるが、たいてい付き添っているのは母親なので、話をわかりやすくするためにも、ここでは母親の様子を伝えることにしよう。ほとんどの場合、たとえ子供が難しい病気を患っていたとしても、母親はわが子に喜びを感じている。笑顔で彼らを見守り、彼らのいたずらについて楽しそうに話す——つまり、わが子を愛しているのだ。なぜこれほど愛せるのだろうか。ひとつには子供が「ほかの」存在だからということもあるだろう。この点を考えないわけにはいかない。子供は私たち自身の過去の姿を見せてくれる存在だ。私たちは子供に戻ることはできないし、とても幼いころの記憶も持っていない。それでも、子供が「ほかの」存在であるがゆえに喜びを感じるのだ。私たちは、世界のあらゆる問題を知らずに遊ぶ子供を、楽しい気持ちで見つめる。子供たちは自分自身のなかに、あるいは自分がつくったり、住んだりしている小さな世界に没頭している。彼らが象徴しているのは、ある種の無邪気さだ。大人が忘れてしまったであろう、無邪気な心。それは私たちがいまでも焦がれて止まないものだ。

これは犬（そして後述するほかの動物）についても同じだ。犬が驚くほど私たちに近い感覚を持っていることは、もちろん承知している。だが、彼らは仔犬時代を過ぎても、いともたやすく感覚的な幸せの世界に没入することができる。私たちが焦がれながらも、入れない世界。だからこそ、犬のいない人生など考えられない、という人たちがいるのだろう。犬たちは私たち人類が進化の過程で置いてきた過去を思い出させてくれる、というより、目の前で再生してくれる存在なのかもしれない。かつて狩猟採集民だった私たちは、いまよりも犬に近かったのだ。私たちは小さな集団を形成して、すべての時間をともに過ごしながらも、ほとんどもめることなく暮らしていた。組織的な戦争や現在の私たちを苦しめるような病気もなかった。人生はいまよりも短かったかもしれない――だが、もっと健全で生きやすかったはずだ。そう、私たちはもっと犬に近い生き方をしていたのだ。

朝夕の散歩の話に戻ろう。犬の幸福そうな姿を見ていると、この毎日の奇跡があたり前になっている事実にやはり驚かされる。心をうかがい知ることのできない完全に異世界の動物が私たちに寄り添い、心から嬉しそうに過ごしてくれている。この『スター・ウォーズ』のような世界は、いまここで起きている現実なのだ。なんて素敵なのだろう！

私はよく想像する。もしも地球外の文明に生きる人たちとつながることができたら、最も知りたいことは何だろうか。それは人によって異なると思う。言語学者なら意思疎通の方法かもしれないし、政治家なら統治方法かもしれない。音楽家なら演奏する楽器かもしれない。ＩＴの専門家ならコンピュータがどの程度高度なのかといったところだろうか――彼らのコンピュータは私たちの理解を超えているかもしれない。実は私が最も知りたいのは――まずは戦争や暴力を排除できたかどうかを知っておきたいが――どのような「ほかの」動物と一緒に暮らしているかだ。犬や猫のような存在がいるのだろうか。それとも、ここ地球でも信じ始めている人がいるように、動物と暮らせばその動物の生命に負荷をかけてしまうと考えているのだろうか。ほかの生き物と仲よく暮らしていて、たとえば食糧として見ることなど絶対にないのだろうか。実はこの点については、私がヴィーガン〔完全菜食主義者〕であるがゆえに、気になってしまうところだ。地球外に生きる人たちが、異世界の生き物とどんな暮らしをしているのか、それを知りたいと思うのは私だけではないはずだ。犬や猫と暮らしている人なら誰もがそうだろう。現代を生きる私たち人間はペットの虜になってしまっている。しかもその傾向はますます高まるばかりだ。

人間以外の生物の感情を探究する

もちろんいつの時代にも犬を愛する人たちは存在し、とりわけ深い愛情を注ぐ人もいた。だが、犬に対する見解についていえば、現在の私たちはとても興味深い時代を生きていることに、気づかされる。20年以上前、私は『犬の愛に嘘はない』を執筆した。本書は一般の人たちからは絶大な支持を得たが、研究者たちには明らかに不評だった。動物学者、動物行動学者、そして獣医までもが、犬の感情について探究するなど素人の行為で、非常に未熟だとして、切り捨てるかのような論調だった。だが今日では、欧米のほとんどの大学に犬の認知研究室が設置されている。「認知」という言葉を使ってはいるが——より科学的な響きがあるからだろう——実際には犬の知的能力の範疇をはるかに超えた領域にまで研究が進んでいる。そうなのだ、これまで科学者のもっぱらの関心事といえば（必ずしも名誉なことではないのだが）次のようなテーマだった。「ほかの」存在がどれだけ賢いのか、あるいはほかの生き物が自分たちと異なるのかどうか、ということだ。その比較対象は人種やジェンダーや階級にまで及んでいる。だが、今日のような時代が初めてやって来たのだ。科学者には多少の差こそあれ、主張を曲げない節があるものだが、いまやそんな彼らがこれほど多く、人間以外の動物にも複雑な感情があることを、率先して認めるようになっている。近年人気を博している数々の本からもそれは明らかだ——サイ・モンゴメリーの『愛しのオクトパス』（それに『幸福の豚』も）、ヘレン・マクドナルドの『オはオオタカのオ』、ジョナサン・バルコムの『魚たちの愛すべき知的生活』、フランス・ドゥ・ヴァールの『ママ、最後の抱擁』。これらの本はみな、ペーター・ヴォールレーベンの『樹木たちの知られざる生活』の系譜に連なるものだ。植物の感情と社会構造について明らかにした本書は、社会現象を起こすほどの国際的ベストセラーになった。ヴォールレーベンは続編として、動物に関する本も執筆している。私は米国版にまえがきを寄せているのだが、世間に与えたインパクトは前著ほどではなかったと言わざるを得ない。前著は知の顕現化といおうか、これまで考えてもみなかった深いことに突然気づかせてくれた本だった——続編に対する世間の反応は、動物の感情世界の複雑さについて知ることが、人々の間で珍しくなくなってきた証拠ともいえるだろう。

つまり、人間が最高の創造物ではないことを認めよう、そんな意思が私たちのなかで生まれたわけだが、その源泉はなんなのだろうか。いや、これでは大きすぎる問いに感じるだろうか。もう少し具体的に率直に言うなら、「なぜ犬なのか、しかも、なぜいまになって」ということだ。

犬とともに進化した人間

答えはとても単純だ。この数年で——長くても10年くらいだろうか——人間と犬がどれだけ進化をともにしてきたかについて、人々の認知がめざましく進んだからだ。つい最近までは、一般的な科学的合意といえば次のようなものだった。「初めて家畜化された動物は犬である。その時期はほんの約1万から1万5000年前であり、野生植物が栽培植物化された時期とほぼ重なっている」。だが、科学者たちの厳密な調査の結果、より早い時期に犬が家畜化されていたことが判明していき、現在では、約2万5000年前というのが大方の説となっている。ただ、一部の科学者らはさらにさかのぼって、3万5000年近く前であった可能性を示唆してもいる。ここまで来ると、私たちが歩んできた5万年との差はわずかに見えてくる。現生人類のホモ・サピエンス・サピエンス——ホモ・サピエンスのあとに亜種名「サピエンス」までつける必要もないと思うのだが——がユーラシア大陸に進出したのが5万年前とされているので、私たちが現在の姿になってまもなく、犬との暮らしが始まったということだ。なるほど、人間が犬とともに進化しながら、犬を愛するようになっていったとしても、まったく驚くことではないのだ。ちなみに、私はこの「ともに進化する(coevolve)」という言葉を自分が創ったかのように思っている。そのくらい、私の考えをぴったり表現してくれるこの言葉が大好きだ。まあ、そうはいっても、発明者がはるか昔にいたことは、私もよくわかっているのだが。[*1]さて、ここで話を整理しておこう。子供が親を愛している場合——ほとんどの子供がそうだが——そこには、子供は親に頼らないと生きられないという事情がある。一方で、犬と人間は互いに頼り合って生きている。私たちは親として子供に頼ることはなくても、現生人類として誕生してからしばらくは、犬に頼って生きてきた。犬は人間の寝床を守り——それはいまも変わらないが——ときに自らの命を犠牲にして私たちの命を守ってくれた。では、犬はその見返りとして何を得るのだろうか。きっと与えるほどには、受け取っていないはずだ。というのも、祖先の狼がそうであるように、犬は完全に自らの力で食糧を確保し、体を暖かく保ち、生殖し、仲間をつくり、家族が無事に暮らせる社会を築くことができるからだ。私たちが与えてきたわけではないのだ。だが、私たちが確実に彼らに与えてきたものがある——それは愛情だ。なぜ犬は私たちの愛情をあんなにも強く求めるのだろうか。あえて答えを探すなら、犬は仲間にも人間にも同じように深い愛情を抱くものだから、ということになるだろうか。ここは犬が猫と違っている部分だ。仲間よりも人間と一緒にいたがる猫がいる一方で、仲間と一緒に跳ね回って遊びたがらない犬はめったにいない。そうなのだ、ここは謙虚に認めようではないか。私たちは犬の仲間にはかなわない、ということを。私自身、犬と追いかけっこをしていて、格下の競争相手かのように見られたことが何度もある。その表情からは、ああ、この人は仲間たちみたいには速く走れないのだな、と思っていることが明らかだった。とはいえ、いつだって親切にもペースを合わせてくれるのだが。

少し乱暴な推測だが、こうは言えないだろうか。私たちが犬を異種の友と思うように、彼らも私たちをそう思っている、と。私たちは犬と同じことはできない。だが、人間も犬も互いにとって「ほかの」生き物であり、だからこそ一緒にいて楽しい、そう感じているのは、私たちも犬も同じなのではないだろうか。

犬はなぜ犬を愛さない人間も愛せるのか

だが解けない謎もある。犬たちは優しくしてくれない、愛情を注いでくれない人間であっても、愛そうとするし、一緒にいたがるのだ。よく知られたパラドックスだが、犬は叩いたり傷つけたり虐待をしてくるような「主人（マスター）」——そんなつもりの人間もたしかにいる——にすら愛情を注ぐのだ。あとの章では私がヴィーガンになった経緯をお伝えしながら、一部の社会にいまも残る犬食文化をひも解きたいと思っている（過去に狩猟採集民が犬を食したことはほぼ間違いない事実だが、常食としたわけではなく、必要に迫られた場合に限られた）。いまや犬はれっきとした社会の一員であるにもかかわらず、ここオーストラリアだけでなく、ベトナムや韓国や中国などでは、犬は伴侶（コンパニオン）とされながらメニューにも載っている。私が知りたいのは、どうしたら犬を食べることなどできるのか、ではない（私には理解できないだろうから）。むしろもっと難しい問いの答えを探している。それは「犬はどう感じているのか」ということだ。犬たちは抵抗もせず、荒野に逃げて狼に戻ろうともせず、野犬の群れ（パック）に加わろうとすらしない。じっと運命を受け入れているかのように見える。だが、食肉用に殺されるのを待つ犬の心のなかでどんなことが起こっているのか、それを私たちは実際には知らないのだ。犬のそんな姿は見たくない、そう感じるのは私も同じだ。だが、「犬という生き物が人間を完全に信頼するようにできていて、だからこそ、最後の瞬間まで人間から裏切られたことが信じられないのか」という問いには、向き合う価値があるのではないだろうか。

一方で、何世紀にもわたって犬食文化の伝統があった国々においてさえも、大きな変化が起こりつつある。ベトナム、韓国、中国では動物の権利擁護団体が犬の食肉処理や犬食に反対する運動を行っており、その影響力は日に日に増してきている。これらの国々ではこのところ犬に対する見方が変わってきており、小さな村においてさえ、伴侶動物として扱われる犬を見かけることは珍しくない。家族の一員となっている犬もいるくらいだ。

ベオスックと狼の絆

つまり、犬と人間の関係は転換点に来ており、犬の気持ちを無視して単に所有物として扱う時代に戻ることはない、そう私は考えている。これは素晴らしいことだと思う。

こうした動きについて理解を深めていくなかで、カナダのニューファンドランド島にまつわる魅力的な話に出合った。土着の漁民ベオスックと狼についてのエピソードだ。ベオスックは犬を「所有」したりはしなかった。彼らは犬どころか、狼と親しく暮らしてきたのだ。彼らの生き方からは、犬、狼、友情、人間、そして暴力について深く学ぶことができる。17世紀に活躍した海軍大佐サー・リチャード・ウィットボーンが、ベオスックにまつわる文章を残している。彼らの驚くべき事情を知ることができるので、のちほど引用しよう。ウィットボーン大佐はイングランド艦隊の一隻の指揮官として、スペインの無敵艦隊を迎え撃った人物だ（1588年に130隻の戦艦を率いてイングランドを侵攻したスペイン艦隊であったが、史上最大とも言われる海戦で、サー・フランシス・ドレークに撃破された）。ウィットボーン大佐は、ウィリアム・ヴォーンという人物から、ニューファンドランド島に彼が所有する植民地リニューズを統治するように指示を受け、1618年から1620年まで現地で総督を務めている。当時のニューファンドランド島には、狩猟採集民のベオスックが住んでいた。17世紀に初めてヨーロッパ人が上陸した際、島にいたベオスックは５００人から７００人にも満たなかったと見られる。彼らは自立した自給自足の暮らしをしており、30人から55人の拡大家族〔複数の核家族が同居する家族形態〕を形成していた。彼らの共同体はほとんど平和そのもので、その点ではニュージーランドのモリオリ（好戦的なマオリに征服された民族だ）にかなり近いといえる。多くの土着民族とは異なり、ベオスックは交易の場で銃を差し出されても受け取ろうとはしなかった。そんな民族性もあってか、彼らは数世紀にわたり娯楽としての狩りの対象とされ続け、１８２９年には公式に絶滅が宣言されている。

ウィットボーン大佐はニューファンドランド島の植民地化を推進する目的で、１６２０年に著書『*A Discourse and Discovery of New-found-land*（ニューファンドランド島に関する論説と発見）』を発表した。ベオスックは犬を飼っていたとされてきたが、実は最初からそうではなかった。彼らがもともと飼っていたのは、人間に対して友好的な狼だったのだ。というよりむしろ、ベオスックが友好的に接したから、狼たちとの絆を築くことができた、と表現したほうがいいだろう。しかも、その絆は狼を犬にするための手本ともいえるものだった。ウィットボーン大佐はベオスックとニューファンドランド島の狼との絆を、次のように説明している。

> ベオスックが非常に器用で繊細であることは、よく知られている（潜水夫によく見ら

れる特徴だ)。こちらが丁寧に如才なく接すれば、扱いやすい人々といえるだろう。また、彼らは自分たちや、彼らの狼に危害が加えられれば、いかなる場合でも報復しようとする傾向にある。また、これもよく知られたことだが、イングランドの羊やほかの家畜のように、彼らは狼にいくつかの印をつけており、耳には飼い主を知らせる印を刻み込んでいる。この地域の狼は、ほかの国々の狼ほど暴力的でも荒々しくもなく、大人や少年を襲ったという話を聞いたことがない。

さて、この話が真実ならば——そうでない理由があるだろうか——驚くべきことを教えてくれている。ベオスックは野生の狼を、現在の私たちが犬と接するかのように扱うことができた、ということだ。これは私にとっては大きな意味がある。というのも、私はいくつかの自著のなかで——とりわけ前著『*Beasts: What Animals Can Teach Us About the Origins of Good and Evil*(獣たち——動物が教えてくれる善と悪)』で——この点について解明しようと試みてきたからだ。なぜ私たちは、世界におけるあらゆる「ほかの」——人間以外の——頂点捕食者[食物連鎖の頂点に位置する動物]と敵対してしまうのだろうか。狼も含めて。だが例外もある。頂点捕食者であるシャチが、野生環境において人間を殺したという事例はない。人間のほうは、無数のシャチを殺してきたにもかかわらずだ。私たちは、もともとシャチを敵と見なしてきたのだろうか。いや、きっと違うはずだ。この敵意は人間が自らつくり出したものだ。

何世紀にもわたって、人間と狼が敵対してきたという話もよく耳にする。ノルウェーでは過去200年間で狼に殺された、あるいは傷つけられた人はいないようだ。1966年には、ノルウェー国内で確認されていた最後の狼が狩猟者の手で殺されている（2016年時点で国内には68匹の外来種の狼がおり、政府はそのうち47匹を駆除したい意向だ）。それにもかかわらず、最近のアンケートでは、ノルウェーの全国民の半数が「狼をとても恐れている」と回答したのだ。これはつまり、人々の心には、まったく非論理的で根拠のない偏見がいまだに根深く残っている、ということだろう。

米国のイエローストーン国立公園の研究プロジェクト「イエローストーン・ウルフ・プロジェクト」の代表ダグラス・スミスは、私に寄せた手紙でこう教えてくれた。1995年に狼を国立公園に導入してから、調査を完了した2009年までの間で、狼が人間を襲ったことはない、と。

ここまでお読みいただいた皆さんは、どのようにお感じだろうか。私たちは比類ないほどの幸運に恵まれている、そう言ってもいいのではないだろうか。野生の種である狼が、あるときなんらかの神秘的な理由から、その運命を私たちに委ねようと決めてくれたのだ。そのうえ、彼らはどんな異種間にも見られないような、無類の愛情を体験させてくれる。この無類の愛情があるからこそ、私たちは犬を失うことを、こんなにも辛く感じるのだろう。

2

Their Only Fault:
DYING BEFORE WE ARE READY

ただひとつの欠点
別れが突然すぎること

犬は彼らのすべてを与えてくれる。
世界の中心には私たちがいて、
愛、信仰、信頼を一心に寄せてくれる。
ほんのわずかしか与えられない私たちを、
それでも主人として見てくれる。
人間にとってこれ以上の相手はいない。

——ロジャー・キャラス

当然ながら、犬にも老いは訪れる。だが、老化に伴い認知症を患うことはあるのだろうか。ところで、私はこの「認知症」という言葉——なんともいやな響きだ——が表す現象をぜひとも「引退」ととらえたいと思っている。おそらく、犬は老いが進むと混乱してしまうのだろう。あるいは老化が進みすぎて、本来の老犬らしい振る舞いから外れてしまうのかもしれない。だが、犬は、老齢の人間よりも高い回復力を持っていると私は思う。なぜかというと、彼らはつまるところ犬の服を着た狼だからだ（科学的に完全に正しい表現ではないかもしれないが)。狼は認知症を患うことはないようだ。そこまで長く生きないからというのもあるかもしれない。あるいは、認知機能が低下すると、満足に群れとの生活に参加できなくなり、ポジションを維持できず、群れの仲間から「捨てられる」からではないだろうか——さきほどから、推測で語ってばかりいるが、それだけ私たちがあらゆる野生動物の一生について無知だということだ。だが思うに、狼や犬に認知症が見られないのは、自覚症状がほとんどないので、彼らにとって最高の環境さえあれば、人間が苛まれるような不安を抱かずに暮らせるからではないだろうか。人間が不安になるのは、その誇るべき「先を見る力」のせいだ。私自身も、先のことを考えずにはいられない。79歳になってふと気づいたのだが、つい最近まで他人事と思って読んでいたような事柄について、じっと考えている自分がいる。老いて体のどこかが不自由になり、とりわけ精神の衰弱が進んでいる……自分もいつかはそうなるのだろうか、その日はだいぶ近づいているのだろうか……。私はそんな不安を胸に娘のシモーネ——看護師として認知症の疑いがある患者の診断をしている——に頼んで、診断テストをしてもらった。やれやれ、結果は「問題なし」だったとお伝えしておこう。

なぜいまから心配しているのか、という声も聞こえてきそうだ。だが私は、自分よりもずっと若い妻と一緒に暮らしており、私たちには18歳と23歳の2人の息子もいる。彼らの重荷になることなど考えたくもない。そうなるくらいなら、むしろ猫のようにひとりでさまよって、誰にも気づかれずに死を迎えたい。いや、実際は死ぬのではない——ただ生きるのだ。たとえばタイのチェンマイ近くの小さな村で太陽を浴び、タイ料理を味わい、親切なタイ人たちと交流しながら、ひっそりと生きていく。家族は年に一度なら、訪ねてきてもいいことにしよう。それなら私も、衰弱した自分のせいで彼らの生活を台なしにしていると感じずにすむだろう。猫のほかにも、ひとりで最期を迎えようとする「野生」動物もなかにはいる。[*1] 理由は不明だが、ひょっとしたら自分の病気から群れを守ろうとしているのかもしれない。さて、最期はひとりで迎えたいと言ってみても——退屈なディナーパーティの会話の切り口にもってこいの話題でもあるが——実際はそうならないことは、私もわかっている。妻のレイラはけっしてタイやほかの国に私を置いていかないだろう。もしそうなっても、自分がその生活になじんで心から幸せになれるとも思えない。子供たちも許してくれないだろう。つまり、高齢になっても迷惑をかけないでいられる、というのはまったくの幻想なのだ——私と同じ年ごろの人なら多くが共感してくれるはずだ。私が高齢者の安楽死に反対する理由もここにある。人々は単に家族の重荷になりたくないという理由から、安楽死を望むのかもしれない。だが、死ぬための理由などないのだ。もしも誰かが本当に家族の重荷になっている、あるいは家族がそう感じている場合、それが真実かどうかは別として、そのときはスイスに安楽死旅行に行くよりも、私の夢想するタイ生活のほうを選んでほしいと思う。

ネット上には、犬の認知症に関する文献はそれほど多く掲載されておらず、説得力や科学的正確さに欠ける情報を見かけることがある。私は、認知症の犬の動画としてネットに上がっているものを確認してみたのだが、実際に映っているのは小さな老犬が庭をぐるぐると歩き回っている様子だった。この犬にとって、庭はなじみの縄張りなので、いつもどおりの行動を繰り返しながら、慣れ親しんだ楽しさを味わっているだけなのだろう。

猫の晩年

そこで疑問が浮かんでくる。なぜ猫はひとりで死にたがるのだろうか。少なくとも一部の猫はそうだ。一方で犬については、たしかなことがひとつある。人間の家族の重荷になることを心配する犬などいない、ということだ。家族といつも接していたい、彼らの願いはそれだけだ。実際、最近ある獣医が匿名で次のようなコメントを投稿して、広くシェアされている。「自分の犬の最期の瞬間に立ち会うことに耐えられずに、部屋を出てしまう人は多い。すると犬は気も狂わんばかりの様子で、残っている人たちの顔をひとつひとつ見ながら、家族を探そうとする。だが見つからないのだ。そのときの悲しそうな顔といったらない。家族の人間がいないままに犬の最期を看取る、それは獣医である自分にとっても、どれほど苦しいことか」。その獣医は家族に考えなおすように頼み、たとえ苦しくとも犬の最期の瞬間を見届けるよう促しているそうだ。私も彼の意見に賛成だ。私たちには、最期を迎えようとする犬に安らぎを与える義務がある。どれだけ辛くてもだ。

猫の認知症について私が知っていることは、犬よりもさらに少ない。これまで多くの猫と暮らしてきたが（私の著書『猫たちの9つの感情』を参照されたい）、認知症のような症状を見せた猫は1匹もいなかったと記憶している。だが気づいたこともある。猫たちは年を重ねるごとに、狩りへの興味を失っていったのだ。私はそれを喜ばしく感じていた。愚かにも自分の成果だと思っていたのだ。というのも、私は猫たちに、どうか狩りを止めてほしいと言い聞かせてきたからだ。まあ、彼らといえば、「私に何を言っても無駄ですよ」とでも言わんばかりの尊大な顔でこちらを見て、獲物を探しにふらっと出ていってしまうのが常だったのだが。さらに、猫たちは成熟するにつれ、家の外に出ることにさえ興味を示さなくなっていった。彼らは「満足」――猫語の中心に君臨する単語だ――していたのだろう。窓の敷居に座って太陽の光をたっぷり浴びたり、人間のひざに乗ってゴロゴロと大きくのどを鳴らしたりしているだけでいい、と。また、猫たちは老齢になると、夜にはいつも私たちのベッドで一緒に眠りたがるようになった。幸いなことにレイラも私もそれを光栄な特権だと思っていた。冬になると、シーツのなかにもぐり込んできて暖を取りながら、私たちにも温もりをわけてくれた。そうなのだ、私は猫との暮らしのなかで、なにひとつ認知症の兆しを感じたことはない。

私たちは家のなかと外を行き来する「家猫兼外猫（インドア／アウトドア・キャット）」といつも暮らしてきた。現在この「家猫」と「外猫」について論議が起こっている。統計によれば、家猫の平均寿命は11歳（主に10歳から16歳の間に分布しているが、20歳まで生きる猫もいる）であるのに対し、外猫の平均寿命は5歳未満だ。米国のほとんどの猫シェルターが室内飼育を譲渡の条件にしているのは、このためだ。猫の寿命とひと口にいっても、そこには複雑な事情がある。猫を愛する人たちの大半は、猫に外の世界を体験させてあげないなんて耐えられないと思い、キャットドア――人類史上最高の発明とも言われるものだ――を設置し、猫が近所を探検できるようにしている。というのも、猫は自然界との接点を必要とする動物であり、一生を家のなかで過ごしていては健康に生きられないと、私たちが考えているからだろう。なるほど、直感的には納得できる。つまり、猫を家畜化したからといって、閉じ込めていいわけではない、という理屈だ。だが、この考え方は、家猫よりも、外猫のほうが短命だとする多くの研究結果と矛盾している。[*2] なぜ外猫の寿命が短くなるのかというと、実は幼いうちに命を落とす確率が高いからだ。その一因に自動車事故が挙げられる。そのせいだろうか、自動車に対して健全な敬意を抱いている猫はめったにいない。だから、もしもあなたが猫と何年も一緒に暮らし、ともに年老いていきたい、そう心から願うなら、猫が進化の過程で適応してこなかった世界がもたらす危険からは、遠ざけてあげよう――それは人間にもいえることだ。自動車は猫だけでなく、甚大な数の人命をも奪っている。

猫は家のなかで飼うべきだ、という主張の理屈は理解できた——しかも説得力がある——だが、野生の世界では常に動き回っている動物を、人間の家に閉じ込めたままにしてしまうのも、やはり不自然なことだ。獣医が「認知機能不全症候群」と呼んでいる症状があるが、その兆しが見られるのは、決まって家猫のほうなのだ。ということは、認知機能の低下は、必ずしも生物学的な現象ではなく、行動が制限された影響による部分もあるのかもしれない。おそらく家猫たちはひどく退屈しているのだろう。だからこそ、これほど多くの集合住宅や戸建ての屋内で猫を飼う人たちが、猫専用の戸外のケージとして「catio（キャティオ）」［スペイン風の中庭patio（パティオ）にちなんでいる］を設置しているのだ。また、キャットタワーを用意している家もとても多く、猫が台の上から外の世界を眺めたり、高さの違う台から台へと飛び移って遊んだりできるようにしている。こんなふうに自由な発想で、猫たちが生き生きと遊べる場所を工夫して用意してあげられるのは、とても素晴らしいことだと思う。私たちは、まさにわが子にしてあげるように、猫の環境をもっと豊かなものにしてあげられるはずだ。猫と遊ぶことは、猫と人間の双方によい効果をもたらすこともわかっている。私の猫たちは、狩りごっこをするのがとても好きだった。猫たちは演じるまでもなく「捕食者」役だったので、私は「被食者」役を担当したものだった。猫たちはふせて待ち構え、角から姿を現した私を見るや、跳びかかって足首を攻撃してきた。彼らはこれが「ごっこ」であることはちゃんとわかっており、私も猫のユーモアのセンスを観察できる機会だと思っていた。猫たちは私を待ちぶせて急襲するのが愉快でしょうがないようだった。私のほうは、まるでネズミになった気分だったが。彼らにとってこれは面白おかしいおふざけであり、実をいうと私もそうだった。この狩りごっこが、わが家の猫のお気に入りだったのは間違いない。幸いなことに私たちは自動車の通らないビーチに住んでいたので、夜になって人がはけると、猫たちを連れてよく散歩に行った。そこで猫たちは私だけでなく、犬相手にも狩りごっこを始めたのだった。犬が猫のおふざけを理解できていたかどうかは定かではないが、猫たちのほうは明らかに楽しそうにしていた。

私たちは犬や猫が用を足すときにトイレを使うのを忘れても、彼らを捨ててしまおうなどとは思わない――たしかにいい気分ではないが――あてもなく家のなかを歩き回ったり、理由もなさそうなのにニャアと鳴いたりしてもだ。それにしても猫の鳴き声というのは謎だらけだ――いまだに解釈方法はわかっていない。私としては、いつかきっと猫の伝えたいことが理解できるようになり、猫語を理解していいなかったなんて、なんて愚かだったんだと思う日が来ると確信しているのだが。伴侶動物を安楽死させる理由のなかには、容認すべきでないものも多くある。これについてはあとの章で詳しく述べるとして、ここでは確実に言えることだけお伝えしたい。犬や猫を安楽死させるために、獣医のところに連れて行く理由はただひとつだ。それは彼らが（私たちではなく）、治る見込みもなく耐えがたいほど、苦しんでいるということだ。私はこう自分に問うようにしている。もしも彼らが言葉を話せたら、愛する家族ともっと一緒にいたいと頼んでくる、というより懇願してくるだろうか、と。ただ、悩ましいことに、野生の世界において、死を迎える動物の周りで起こる事象について、私たちは判断できるだけの知識を持ち合わせていない。このテーマはほとんど研究されてこなかったので、解明されていないことばかりなのだ。

わが子を亡くして悲しむシャチ

実際、私たちは野生動物の死にまつわる行動について、かなり不完全な知識しか持ち合わせていない。カナダのブリティッシュ・コロンビア州ビクトリア近郊では、こんな事例が観察されている。ある母シャチが17カ月の妊娠期間を経て生んだメスの子を、数時間のうちに亡くしてしまった。おそらく母体の栄養不良のためだろう――乱獲のせいでこの地域には天然の鮭がほとんど残っていないのだ。それから16日間にわたり、その母シャチは息をしないわが子を連れて泳いでいた。これは初めて見られる光景だった――といっても、初めての現象という意味ではなく、初めて観察されたということなのだが。母シャチはわが子が体からずり落ちて海に沈むたびに、もぐって拾い上げるということを繰り返していた。私たちには母シャチがどんな気持ちでいたのか、そして何を知っていたのかもわからない。だが、ここ3年で群れに子シャチが1匹も生まれていないことは知っていたのかもしれない。

明らかなのは、この母シャチの悲しみは、人間が赤ん坊を亡くしたときの深い悲しみと変わらない、ということだ。ワシントン州で観察を続けた研究者たちも同じように認識している。ワシントン大学保全生物学センターでシャチの研究に従事する生物学者デボラ・ジャイルズは、米紙『ワシントン・ポスト』でこう述べている。[*3]「クジラやイルカの身になって想像してください。彼らはできるかぎり息を止めて、海に沈みそうになるわが子をもぐってすくい上げ、水面に顔を出してあげます。それから今度は自分が息をするために、頭にのせたわが子をまた海に落とさなければなりません」。また、ジャイルズは調査船から観察した母シャチの様子について、「J35［母シャチの呼び名］は強い潮流と闘いながらも、この行為をどうにか繰り返していました」と伝えている。しかも母シャチは数日間にわたり何も食べていない様子だったという。母シャチが見せた献身的な姿は、シャチのような社会動物が子孫との間に強い絆を形成することを証明している。ジャイルズは「これはありのままの現実です。何が起きているのかは明白であり、事実を曲げて解釈することはできません。動物が亡骸となったわが子を悼み、手放そうとしない。心の準備ができていないのです」と述べている。こうした反応はわが子を亡くした人間の多くが抱く感覚に近いといえる。

ジャイルズはさらにこう語っている。「私たちにも母シャチの気持ちがわかるはずです。『なんて悲しいのだろう。赤ん坊が息も満足にできずに亡くなってしまったら、自分だって手放したくない』と感じることでしょう」。だが、ここで私は指摘しておきたい。シャチという動物は私たちにとって、犬よりもはるかに謎に満ちている存在なのだ。犬についてなら、私たちはもっと根拠ある推測ができる。人間と犬との間には、ともに過ごした長い時間と強い絆があるからだ（一方で、野生のシャチについては、ともに暮らした人もいなければ、出産を目撃した人もいないというのが現状なのだ）。

老いた犬との向き合い方

たいていの犬は、大人の猫のように、ふらっと姿を消してひとりで死ぬようなことはしない。それは、犬が私たちにとても似ているせいではないだろうか。彼らは私たちと何万年もの時をともに過ごすなかで、死への向き合い方さえも含めて、私たちに似てきたのだろう。これが仮説に過ぎないことは承知しているが、そう考えると納得がいくのだ。この仮説を裏づける証拠はほかにもある。ともに暮らす人間が老いると、自分まで老いてしまう犬がいるという事実だ。初期の認知症を患う友人が教えてくれたのだが、彼女が認知機能のやや穏やかな衰えを自覚し始めると、10歳にもならない自分の犬にも精神の老化の兆しが現れたというのだ。これは生物学的な現象なのだろうか、あるいは別のもの、たとえば「相手の症状がうつる共感」とでも名づけるべき現象なのだろうか……。悩んだ彼女は、こう解釈することにしたそうだ。犬は彼女に必要とされていることを鋭く感じ取るあまり、彼女の認知力がゆるやかに低下し出すと、自分も同じになろうとした――これまでどおり2人で一緒に過ごすために。私も、この犬が本当に認知症を患っていたとは思えないのだ。

老いた犬をどう見守っていけばいいのか。そこには、高齢者への向き合い方を考えるためのヒントがあるはずだ。私はこれまで、犬が老いたという理由だけで、老犬ホームに預けようとする人に出会ったことがない（もちろん存在しないという意味ではない）。私の周りには、犬が老いたとしても自宅で世話をしてあげたい、という人ばかりだ。犬もそう願っていることだろう。また、人間にしても、公共や民間の施設に入居している認知症患者のほぼ誰もが、そう願っているのではないだろうか。さまざまな理由から自宅で過ごせない人がいるのは理解できる。だが施設での暮らしは、理想とはほど遠い環境のように見えるのだ。

いまは離れて暮らしている、わが家の13歳の犬ベンジーにも衰えが見えつつある。彼の症状を認知症と呼ぶつもりはないが、その知能がかつての鋭さを失っていることは明らかだ。加齢による主な症状は、アパート内でのお漏らしだ（犬が庭にすぐに出られない構造のアパートなのだ）。私たちがシドニーに暮らしている間、ベルリンに住む息子イランがベンジーの世話をしている。私たちは数カ月前に彼の家を訪ねて、1カ月をともに過ごした。ベンジーはお漏らしをさほど気にしていない様子で、まるで外にいるかのように出してしまうのだった。するとイランのほうもさっと片づける。興味深いことに、ベンジーが落としていくのは、本格的な便というよりも、ナツメヤシの実のような小さなものであることが多い。逆にベンジーのお行儀のよさ――「本当は出ちゃいそうだったけれど、なるべくこらえたよ」という気持ち――が伝わってくるくらいだ。ベンジーが混乱している様子はない。そして何よりも大事なことは、彼の愛する能力にはいささかの衰えも見えない、ということだ。ベンジーは夜にはイランのベッドで眠っている。私はイランに、恋人ができたとしても、ベンジーと一緒に眠るのを嫌がったら、別の恋人を探したほうがいい、と伝えておいた。ベンジーは頭をイランの胸にのせて、純粋な愛を込めてわが息子の顔を見つめている。彼はいつもそうしてきたように、親友のそばにいる喜びを味わっているのだ。

友人たちの話によると、犬の衰えはたいてい体に現れるそうだ。散歩に行けなくなる、家のなかで排便をする、食欲を失う、痛そうに歩くといった症状が見られるという。だが、犬の精神の衰えを伝えてくる友人はめったにいないし、犬が愛情を感じる能力を失ってしまったという話もまったく聞いたことがない。だが、例外ともいえる話をしてくれた友人もいる。シーマという名の友人の犬は、最期が近づくにつれて、抱き合うのを嫌がるようになった。これはともに暮らす人間としては心傷つくことだ。というのも、シーマは夜中に外に行きたくなるときだけは、抱いて連れ出してほしいとお願いに来たからだ（シーマに関する友人の話はのちほどすべてお伝えしたい。シーマは私と一緒に暮らしていた時期もあったのだ）。別の友人からこんな話も聞いている。友人の犬は、家のなかで排便をしてしまうことを恥じているようだった。そこで友人が紙を置いてあげると、彼女はそれを使うようになった。彼女が亡くなる日、獣医が呼ばれて安楽死の処置をすると、横になって息絶えていく彼女の体から下痢状の便が流れ出た。すると彼女は最後の力をふりしぼって、紙が置かれた場所まで這って行ったという。

動物たちは死を理解しているか？

ここで、明確な答えが存在しない問いに向き合っておきたい。それは「犬は自らの死について考えるのか」ということだ。彼らには死という概念があるのだろうか。私はこの問いに対して、専門家よろしく論じるつもりはない。答えを知る人などいないと思うからだ。自分の経験に照らして、答えらしきものを持っている人は多いのかもしれない。だが、その経験も人によって実にさまざまなのだ。私が確信しているのは、犬は私とは違って、まだ完全に健康なうちから病気になったときのことを長々と悩んだりしない、ということだ。彼らは死後の人生（それにしてもおかしな言い方だ）について思い巡らしたりもしないはずだ。

言い方を変えれば、彼らは来世があるのかどうか、死んだあとに何かが起こるのかどうか、などは考えないということだ。思い出すのは、フランス生まれの私の父ジャックのことだ。彼は84歳で亡くなる少し前に、自分の死後に何が起こるのかをとても知りたいと言っていた。彼は特定の何かが起こると信じていたわけではなかった。だが、彼は死の瞬間を迎えることがほとんど楽しみになっていたようだ。死ぬときにはついに何が起こるかを知ることができると思っていたのだろう。いや、これもおかしな言い方だ——というのも、当然ながら、死んでしまえば、父は死んだあとにわが身に起こることを知ることはできないのだから……。なんというか、死について書こうとすると、いや、言葉を介して考えようとするだけでも、私たちはたちまち小説の領域に踏み込んでしまうようだ。死の直後にやって来る「無」を想像するような作業に身を投じながら、いったいどうしたらふさわしい言葉が見つかるのか、心から納得して理解できるのかと、すっかり途方に暮れてしまう。

猫の暮らしのスタイリストとして活動するケイト・ベンジャミンに関する記事が、米紙『ニューヨーク・タイムズ』に数回にわたり掲載されている。彼女はテレビ番組「猫ヘルパー～猫のしつけ教えます～」のホストを務める猫の行動専門家ジャクソン・ギャラクシーとの共演や共著などでも知られる人物だ。乳癌を患う彼女は、2018年9月6日付の記事で、「アニマルセラピーが盛んになり、猫もセラピストの仲間入りをしました」と述べている。当時、彼女は化学療法を終えたばかりで、大好きな猫——彼女は9匹の猫を飼っている――を亡くしたばかりでもあった。彼女は取材記者のジェニファー・キングストンにこう打ち明けている。「彼に会えないことがとにかく寂しくて、頭がおかしくなりそうです。私が化学療法を乗り越えるまで、彼はずっとそばにいてくれて、『よし、君はもう大丈夫だよ。僕は行くね』とでも言うように逝ってしまったのです」。私は込み上げる涙を抑えられず、2度目でようやく記事を読み終えた。甘い感傷をいっさい抜きにしても、この文章はとても大切な問いを投げかけてくれている。それは「ほかの動物は自らと私たちの死について、どのくらい理解しているのか」というものだ。この問いに答えるような文献はそれほど多くない。読者の皆さんには、これからお伝えすることはあくまで現時点での内容であることを、ご理解いただければと思う。

犬や猫は「もうすぐ自分は最期を迎えようとしている」と直感的にわかるのだろうか。もしそうならば――ある程度は感じ取っていると私は思うが――彼らは死に直面しても恐れを感じない、ということだ。多くの人間は死が近づいていることに感づくと、すっかり動揺して、極度の恐れや不安を感じ、パニックにさえおちいってしまう。犬や猫のそんな話は聞いたことがない。彼らは、大切な友人と会えなくなるような感覚にはなるのかもしれない。だが実際、犬や猫は「死」というものを理解しているのだろうか。この問いについては、答えも証拠もなかなか見つからない。では、犬や猫は、別れを今生に限ったものだと信じているのだろうか。これは多くの敬虔な人たちが信じていることだし、私もそう信じられたらよいのにと思う。だが、悲しいことに私には無理なのだ。死は永遠であり、死後の人生は存在せず、私たちのかけらは残された人たちが抱く思い出のほかには、なにひとつとして生き続けたりはしない、そう私は信じているからだ。

犬や猫が、死を恐ろしいものとして認識していないとしたら、彼らは幸運だといえるだろう。だが、ともに暮らす人間のほうはといえば、彼らほど恵まれてはいない。私たちは往々にして、愛する動物の最期——それは例外なく訪れる、あるいは少なくともたいていは人間よりもずっと早く訪れる——を前にすると、完全に打ちのめされてしまうのだ。

先にも述べたとおり、私たちにとって動物はわが子のようなものだ。死にゆく彼らを守れないとき、私たちはとても大きな無力感を味わう。そして無力感に苛まれた私たちは、最期の際にある子供や犬や猫、そして大人の人間にさえも自らの心の動揺を伝えてしまう。悲しいことに、生きとし生けるものすべては死を迎える。この辛い真実を完全にのみ込める人などいないだろう。幸運なことに、私たち人間の人生において、愛する人の死に向き合う機会はせいぜい数度だろう。だが、犬たちや猫たちと一緒に暮らせば、最期はあまりに多くやって来る。そうでなければ、どんなにいいだろうか。

3

All Things Bright and Beautiful Must Have an End: Dying Dogs

輝きが消えるとき
犬の最期

あなたはきっと自分の犬よりも
長く生きるでしょう。
犬とともに暮らすことは、
深い喜びも、
そしてやがて訪れる深い悲しみも、
どちらも両手で受け止めることなのです。

——マージョリー・ガーバー

犬の死亡年齢は通常7歳から20歳とされており、個体の大きさによって差がある。差が生じる理由は明らかではないが、おそらく選択的繁殖が関係していると思われる。たとえばグレート・デーンは生後1年間で出生時の100倍の体重にまで成長する。これは野生の世界ではまず見られない現象だ。人間とは異なり、犬の生涯は著しく多様というわけではない。小型のプードルは最低でも14歳までは生きるだろう。一方で、大型犬で12歳を超えて生きる犬はまれで、たとえばグレート・デーンの平均死亡年齢は7歳だ。大型犬のバーニーズ・マウンテン・ドッグも短命だが、それは成長の速さと体の大きさが影響しているのではないだろうか、私にはそう思えてならない。

ほかの動物の場合は、体格が大きいからといって、寿命が短くなる傾向はないようだ。クジラやゾウは非常に長命だが、小さなネズミは短命だ。ホッキョククジラはとても大きい（体重65トン、体長約18メートル）が、なんと200年も生きる。猫についても、体格による寿命の差はないようだ。理由は単純で、猫には大きな体格差がないからだろう。最も大型の猫はメインクーンで、かなりのサイズだ（体重はオスが約5〜8キロ、メスは約4・5キロかそれ以下だ――彼らの体が大きくなったのは、寒冷な北国で進化してきたためだろう。雪の上を歩くには分厚い被毛が必要だ）。それでもやはり猫の体格差は、犬に比べれば著しく多様というわけではない。犬の場合、小さな犬は約2キロ以下で、大きな犬は約70キロにもなる。

私は若いころ、背がとても高い人間のほうが、背の低い人間よりも短命だという説を信じようとしていた。だが、それは単にいくつかのエピソードを聞いたせいだった――自分の背があまり高くないということもあった……まあ、この説に科学的な根拠はほとんどない。一方で、人間の体格差がとても大きいことは明白だ。また、体格ほど明白な差ではないが、平均寿命にも差があり、男性のほうが平均して女性よりも寿命が短い。また男性は、女性よりも早世する傾向がかなり高く、世界保健機関（ＷＨＯ）によると、ジェンダー格差がより深刻な国々でその傾向が顕著だという。男女平等が進んでいる国ほど男性の寿命も長くなっている。だが、こうした社会由来の老化は犬には見られない。たしかに平均寿命はメス犬のほうが、オス犬よりもわずかに長い。これは犬の持つ攻撃性と関係があるのかもしれない。というのも、去勢された犬のほうが長生きするからだ。これはオス犬もメス犬も同じだ。私の観察では、体格の大きな犬については、オス犬のほうがいくらか攻撃性は高いようだが、この点について十分な調査が行われているかどうかは不明だ（動物全般についていえば、ハイエナのような少数の例外を除けば、オスのほうがメスよりも高い攻撃性を持つ傾向にある）。

ひたすらに愛してくれる存在

犬や猫と暮らす人で、彼らとの死別を経験しない人はほとんどいない。人間よりも、犬や猫の命のほうが早く終わってしまうからだ。これまでの章で見てきたように、私たちは彼らの死を受け入れる心の準備がとにかくできていない。その運命を前にすると、わめき散らしたり、愚痴ったり、呪ったりしてしまう。愛する伴侶にもっと長生きしてほしい、そう心から願っているからだ。とりわけ犬と暮らす人たちには、そんな願いが強いと思う。自分の犬に対して、大型オウム——その多くが人間よりも長く生きる——ほどでなくていいから、猫と同じくらいは長く生きてほしいと感じているはずだ。ギネス世界記録によると、猫の最高齢記録は38歳だ。猫の平均寿命も12歳から15歳で、犬よりもずっと長い。ちなみに、犬の最高齢記録は29歳である。

私たちはとりわけ犬や猫との間に、大人と子供のような関係を築いている。そのため彼らを失うことは、わが子を失うことに極めて近い体験なのだ。同じことをたびたび述べてきたが、あえて私が繰り返すのは、それが犬や猫やほかの伴侶動物との関係性を理解するうえで、とても大切なことだからだ。この関係を認識しない人は、犬や猫を大切にする人に対して首を傾げ、ときには敵意を表すことさえある。ノルウェー出身の作家カール・オーヴェ・クナウスゴールもそのひとりだ。彼は最近、作家と犬を批判するような記事を米誌『ニューヨーカー』に寄せている――彼なりの冗談なのかもしれないが、記事では「優れた作家が犬を飼っていたことがあるだろうか」と問いかけ、自ら「なかった」と答えている（彼はアーネスト・ヘミングウェイ、カート・ヴォネガットを忘れている。フロイトも素晴らしい著述家だった）。どうやら彼は、家のなかにいる独我論者は作家ひとりで十分だとでも言いたいようだ。きっと忘れているのだろう。犬が自我のかたまりどころか、自分そっちのけで私たちのことばかり考えている、ということを。

ある意味では、犬や猫が突然亡くなってしまうことは、自然界の秩序に反しているように見える。というよりむしろ、私たちの心がそう感じてしまう。なぜなのだろうか。それは彼らが私たちに頼りきった傷つきやすい存在で、こんなに早い死に値するような行為を

3

All Things Bright and Beautiful Must Have an End

なにひとつしていないからだ。それだけではない。私たちには、彼らと一緒に過ごしてきた膨大な時間がある。私たちは家にいるとき、いつでも彼らの存在を感じている。犬を連れてひとり散歩に出かけ、ときには何時間も一緒に歩く。その自覚すらないかもしれないが、私たちは犬に秘密を打ち明けることもある。彼らはけっして批判せず、不信のまなざし(「そんなことを言うなんて信じられない！　なんてバカなんだ」という表情)を向けたりもしない。ここまで理解してくれて、許してくれて、一緒にいることを熱望してくれる人間の伴侶などいない。妻や夫を1時間ほど抱きしめることはできるだろう。だが猫なら、午後中ずっとひざの上に乗っていてくれる。犬は必要なら一日中でも足元で横になっていてくれるだろう。しまいにはこちらが降参して外に連れて行くほどだ。犬であれ猫であれ、彼らと私たちの間には独特な親密さがある。あなたの犬が――通常ならそうであるように――十分な社会性を持ち、あなたとの間に絆を築いているなら、その親密さのなかに衝突が生まれることはない。犬の感情のトーンが変わることはない。実は、私たちは動物たちとの絆を育んでいるときには、彼らの世界の住人になっている。というのも、彼らは野生の世界にいても、まさに同じように伴侶との絆を築くからだ。いや、これは少し言いすぎかもしれない――ライオンやトラなどの大型の猫科動物や、狼についてさえ、彼らが日々どんなふうに親密なやりとりをしているのか、実はあまりわかっていないのだから。野生動物が生きる世界に飛び込んで、長期にわたって親密な関係を築いて暮らした人間は過去にいなかったし、これからもいないだろう。理由は単純で、私たちが野生の世界に生きる動物ではないからだ。だが、人間と暮らす野生動物のほうは、いくらか私たちに似てくるのだ。例外的な事例といえるが、野生動物——たとえば狼——を幼いうちから育てた人や、野生のクマと驚くほど親密な関係を築いた人がいる。こうした興味深い事例については、のちほど取り上げよう。

私はベルリンに住んでいたころ、素晴らしい女性に出会った。彼女は世界の環境汚染問題の解決に向けて活動していた。高い地位に就いており、この分野のリーダー的存在のひとりだ。私が当時執筆中だった本について彼女に話すと、その目に涙があふれた。どうして泣いているのか教えてほしいとお願いすると、彼女はジャックという愛犬について話してくれた。私はすべてを理解した。彼女がこの話を打ち明けるにはとても勇気がいったことと思う。だが、彼女の勇気は同じ状況にいる誰かをきっと救うはずだ。ここで皆さんに共有できることを光栄に思っている。

アフリカにあった私の農場……より正確には、友人が所有する農場ですね、そこはとても美しい場所でした。国立公園に接し、丘に囲まれ、近くには川が流れていて、ゾウやカバの姿が日常に溶け込んでいました。私はジャックという名の犬を飼っていました。彼はアフリカの犬そのもので、いつも機嫌がよく、お腹を空かせていて、走

3
All Things Bright and Beautiful Must Have an End

る準備も万端でした。農場に着いて、ジャックを車から降ろしてあげると、彼は私が運転するトヨタ車と競うようにして家の門まで走っていったものです。ジャックはそんなふうに走るのが大好きで、私もその姿を見守るのが大好きでした。彼はアフリカの太陽を浴びながら、ほこりが舞う道路をどんどん進んでいきます。それから突っ込むようにして水を飲むと、アカシアの木陰で涼んでいました。

ですが、そんな日々のなかにも闇はありました。当時の私たちは、太陽の光に包まれながら、酒とドラッグに浸っていたのです。心の奥にある漠然とした不安を、紛らわそうとしていたのだと思います。

そんななか、それは起こりました。太陽も影も酒もドラッグもないまぜになった日常のある日、友人が運転する車のかたわらをジャックが走っていました。すると、ジャックの背骨がジープの車輪につぶされて折れる音が聞こえたのです。私はいまでもその音を頭のなかで再生することができます。走り続ける車から飛び降りた私は、ジャックに両腕を差し出しました。車体から這い出そうとしながら、私を見つめてくるジャック。その顔に浮かんでいるのは苦痛、恐れ、混乱……彼はどうにか私の腕のなかにたどり着くと、そのまま息を引き取りました。

私はその夜、農場に生えたバオバブの木の下に小さな墓を掘り、ジャックを埋めました。そのとき、自分の一部も、彼と一緒に埋めました。こんな事故を招いてしまった自分。弱くて、優柔不断で、自己破壊的で、無責任な自分です。
信じがたいほど愚かなかたちで、ジャックを死なせてしまった。その辛い気持ちと恥じる思いが、私を変えるきっかけとなりました。自分を「洗濯」して当時のような生き方を改めるには、1年という時間が必要でした。ですが私はやり遂げ、けっして戻ることはありませんでした。引き戻されそうになるたび、あのよく晴れた恐ろしい日の出来事と、ジャックの「どうしてなの」というまなざしが心に浮かんできたからです。いまはジャックが私の命を救ってくれたと思っています。

とりわけ子供は、一緒に暮らした動物のことを「親友だった」と言うものだ。彼らは本気でそう感じている。きっとこう思っているのだろう（私が犬や猫と暮らしていた子供時代の気持ちを正確に覚えていればの話だが）。「動物にはなんでも話せるんだ――誰にも打ち明けたことのない話も全部だ」。もちろん、子供が打ち明け話をしても、動物たちから批判されることはない。言い争いにもならないし、お説教をされることもない。眉をひそめられたりもしない。「お父さんが帰って来るまで待ってね」とか「それはショックだ」とか「失望したよ」と言われることもない。子供は動物がそんな言葉を発することができないことはわかっているし、そんな思いはよぎったりもしないだろうと信じている。動物には自分を批判する理由もないし、ひたすら自分を愛すべき存在として見てくれる――子供はそんな気持ちでいる。つまり、なにひとつマイナスに受け止めるものがないのだ。そんな関係を気に入らない人などいるだろうか。

フィンランド出身の監督アキ・カウリスマキの『希望のかなた』はとらえどころがない映画で、メッセージが前面に押し出されることはない――あまりにさりげないので注意深く観ないと何を伝えたいのか見失ってしまうくらいだ。劇中で、レストランの経営者がやって来て、従業員たちが隠していた犬を見つける場面がある。その経営者は明日には犬を手放すように指示をする。観客としては、この犬がどうなるのかを見たいところだが、そこは描かれない。だが、最後の最後の場面で、「ヒーロー」になろうとした主人公の難民男性が初めて、ほんの一瞬だけ、未来へのかすかな希望の光を感じる姿が描かれる。そしてまさにそのとき、さきほどの犬が登場して彼の顔をなめるのだ。私たちはこの瞬間だけで、あの犬は彼のそばを一生離れないだろうと直感する。苦しみを生きる男性に犬がもたらす喜び。この映画の希望はそこにある。監督はあえてそれを描き、私たちとわかち合うことにしたのだろう。驚くべきことに、そこに希望があることは、犬とともに暮らす人なら誰でも知っているのだ。

人との絆にも劣らない動物との関係

このテーマについて友人と話しているうちに、私は2つのまったく異なる事実に気がついた。まず、家族との絆よりも、伴侶動物との絆のほうが強い人を見ると、憤りを感じる人が多いということだ。有名なのがモーツァルトのケースだ。メスのムクドリを購入した彼は――明らかに音楽家としての嗜好だろう、ムクドリのさえずるメロディを気に入ったのだ――その3年後に彼女が亡くなると、趣向を凝らした葬儀をあげた。彼はわずか数週間前にも、自らの父親の葬儀を行っていたが、その差は歴然で、それが世間の反感を買ってしまったのだった。人気ブロガーのリー・キナストンが、英紙『デイリー・テレグラフ』に寄せた記事は多くの反響を呼んだ。記事のなかで彼は、自分の猫を亡くしたときの気持ちを語っている。その悲しみは父親を亡くした悲しみに劣らぬ深さだという。彼の綴る思いに、私も深くうなずいた。

その夜は涙が止まらなかった。自分が洞窟のような深い悲しみに落ちてしまうとは思ってもいなかった。この小さな、白と黒の毛に包まれた動物を2000年に迎えて以来、ずっと一緒に生きてきた。正直に言おう。この子を亡くした心の痛みの強さは、

3

All Things Bright and Beautiful Must Have an End

1997年に癌で父を亡くしたときと少しも変わらない。これには異論を持つ人もいるだろう。まず私自身もこんな考えを抱くことすら罪のように思えた。だが、この心の痛みは本物なのだ。この話をしても、多くの人たちからは「あなたには思いやりも、敬意もない。それとも頭がおかしくなったのか」という反応が返って来るだろう。要するに、「どうしてペット——ただの動物——の死と、愛する存在の死を比べたりできるのか」と言いたいのだ。彼らに答えるなら、「ただの動物」も私にとっては愛する存在なのだと伝えたい。

さて、もうひとつの気づきは、犬に関する本に最も多く登場する言葉は私の知るかぎり例外なく、「愛（love）」である、という事実だ。少なくとも、犬と人生を歩んだ人物の伝記においてはそうだ。このあいまいな言葉は、使う人や状況によってさまざまに意味を変える。だが不思議なことに、こと犬に関してはいつでもこの「愛」という言葉が思い浮かぶ。犬たちはなんの境界もなく、私たちを愛してくれるように見える。これも不思議な体験といえる。というのも、私たちは犬が境界を飛び越えて愛してくれるとは思ってもいないので、実際に体験すると、体じゅうに電流が走るほどの衝撃を覚えるのだ。すでに体験ずみの人を除けば、私たちには心の準備ができておらず、「あり得ない、これは本当に現実なのだろうか」と思ってしまう。いまだに思い出すのは、ニュージーランドのオークランドで、いまも親しくしている友人と、その夫人に初めて会った日のことだ。夫人から職業を尋ねられた私は、猫の複雑な感情世界に関する本を書いていると答えた。すると彼女は「うわ、誰が読むんだろ」と返してきた。正直なところ、私はぎょっとしてしまった。このコメントだけでなく、そのくだけた言い方にもだ。私たちは互いに紹介されたばかりで、これが彼女の第一声だったのだ。だが私はほとんどすぐに彼女を許していた。彼女が驚くほど聡明な女性で、子供の人権が専門だとわかったからだ。子供の人権保護に人生を捧げている人のあら探しなど、どうしてできるだろうか。彼女の人生には——あるいは心のなかには——動物の居場所がなかったというだけだ。ともあれ、こんな先行き不透明な出会いをしながらも、私たちは友達になった。あれから20年、昨日は彼女から写真つきのメールが送られてきた。そう、お察しのとおりだ——彼女の恋のお相手は生まれたばかりの犬の赤ん坊で、その魅力につかまってしまったらしい。

　そうなのだ、人はいともたやすく愛犬家に転向してしまう。私たちはまさに家族を愛するように、犬を愛している（家族以上に犬を愛することもある。犬が私たちを困らせることがほとんどないからだ）。だが、家族とは違い、犬の場合は一緒に暮らせなくなることがある。これは辛いことだ。自分と同じくらい熱烈に愛してくれる別の誰かに、愛犬を譲り渡すほかない事態も起こってしまうのだ。犬を連れて行けない国に行くこともあるだろうし、単に犬を飼い続けられない状況におちいることもあるだろう。そんなときは、けっしてシェルターに置いていかないでほしいと思う。里親が見つかるかどうかわからないし、見つかるとわかっていたとしても、どんな人なのかは知ることができないからだ。唯一の代替策は、信頼できるよき友人を見つけることだ。愛犬家であるだけでなく、特にあなたの犬を愛している友人に、愛犬を引き取ってもらえるかどうかを尋ねてみてほしい。私自身もシーマという名の自分の犬を友人に譲った経験がある。わが家を離れたあとのシーマの物語を、一緒に暮らしてくれた友人ジェニー・ミラーが綴ってくれた。[*1] ここに紹介しよう。

私にはソウルメイトとして人生をともに歩んでくれた犬がいました。シーマという名の彼女は、ボーダー・コリーとゴールデン・レトリーバーの雑種です。オレンジ色の長くてふさふさした毛はゴールデン・レトリーバー譲り、つんとした鼻はコリー譲りのもので、キツネに似ているといえば似ていました。抜群に賢かったので、なるほどボーダー・コリーの血を受け継いでいるのだなと感じていました。一方で、純粋な心はゴールデン・レトリーバーそのものでした。

私とシーマはソウルメイトになる、そんな運命なのだと自覚したタイミングについては、はっきりとは覚えていません。心から望んでいた職を断られて、私の頬を数滴の涙が音もなくつたった……思えばあのときだったのでしょうか。シーマが近づいて来て、肉がたっぷりついた大きな生の骨を、私の足元にぽとりと落としてくれたのです。それは彼女がいちばん大切にしている戦利品でした。もともと暮らしていた友人ジェフの家で、彼女はいつもこの骨をほかの2匹と奪い合っていました。ジェフが海外に引っ越すことになり、家を長く空ける予定もあったので、私にシーマを引き取る気はないかと相談してくれていたときの出来事でした。

このようにして、私とシーマの長い冒険の旅は始まりました。運動神経が抜群というわけではない私は、シーマの動きを見ながら、まるで自分が体験しているかのように楽しんでいました。泳いだり、水をはね散らしながら棒を追いかけたり……陸上では猛スピードで棒を追いかけ、口にくわえて戻って来るシーマ。彼女のなかには、あの「とってこい」のような手かげんされた遊びはありません。棒を追いかけたら、それはもう彼女の獲物なのです。私が10本の棒を投げても、彼女は10本すべてを口にくわえるでしょう。かつて彼女が命を落とさずにすんだのも、この習性のおかげだったのかもしれません。

私たちは一時期、北カリフォルニアの保守的な小さな町で暮らしていました。その町では多くの人たちが、犬に対して冷酷な虐待をしていました。犬をチェーンでつないで外に放置していたのです。シーマと私は近くの自然豊かな広場まで散歩をしに行くたび、外につながれた犬の前を通りすぎていました。その犬は私たちを見ると吠え、どう猛なうなり声をあげてきました。まるで私たちを引き裂くこと以外に望むことは

3

All Things Bright and Beautiful Must Have an End

ない、といった様子でした。ですが、チェーンにつながれた彼には、そんなことはできませんでした。

ある日、いつものように広場で棒を追いかける運動をしたあとで、シーマが棒を口から落とそうとしませんでした。私はいつも棒を広場に置いていくように教えていました。好きなだけ家に持って帰ってしまうと、しまいには広場で追いかける棒がなくなってしまうからです。ですがこの日だけは、彼女は棒を落としてくれず、どうやってみても、言うことを聞いてくれそうにありませんでした。彼女のあごの力はかなり強く、それに劣らず頑固なところもあったので、私も観念して、戦利品の棒を口にくわえさせたまま、家に帰ることにしました。いつもどおり、あのどう猛な犬の前を通りすぎようとすると、チェーンが壊れていました。彼は私たちに向かって突進してきて、うなりながらいまにも攻撃しようとしています。シーマは自己防衛能力の高い犬でしたが、戦利品の棒を手放す気はもうとうない様子でした。口に棒をくわえたまま、平然としてその犬の前に立っているのです。すると、その犬は混乱してしまったようです。犬のけんかというものは、どちらかが相手にしなければ解決してしまうものなのでしょうか……。なんと、その犬はふらりと去っていったのです。

シーマが高齢になり関節を患うようになると、私も彼女の健康にいっそう注意を払うようになりました。有機食材を使った食事を手づくりし、サプリメントに関してもお金で買える最高のものを与えました。いよいよシーマの股関節が動かなくなると、天才的なカイロプラクターの診療所まで、はるばる彼女を連れて行きました。その先生は人間の治療が専門でしたが、こっそり動物も診てくれたのです。おかげでシーマも元気を取り戻してくれました。

時が経つにつれ、シーマの健康状態はいやおうなく劇的に悪化していきました。家のなかでおしっこをするようになったので、人間用の希少な治療薬を飲ませてみると、症状が改善されました。サプリメントに関しては関節に効く、いっそう高価で効果の高いものを入手しました。競走馬に飲ませるような、全身のケアをするものです。

ある日、2人でいつものように散歩をしていると、シーマが後ろ脚をよじらせて、もだえ苦しむような様子を見せました。そのとき、私にはわかりました。たとえ体内のあらゆる原子が「違う！」と叫んでいても、わかったのです。まるで地球の軸が突然外れて、世界中が揺らいでいるかのように感じながら、私は彼女の命がもう長くないことを悟りました。それからすぐに、彼女は散歩に行きたがらなくなりました。西洋医療でも代替医療でも、可能なかぎり最高の治療を試みましたが、それでも快方に向かう様子はありませんでした。またお漏らしをするようになり、普段は立ち上がる気力さえ見せてくれなくなりました。

ときおり、シーマの状態が急によくなって、散歩に出かけられることがありました。

3

All Things Bright and Beautiful Must Have an End

彼女が最後の診察を受けたのも、そんな日のことでした。ジェフは彼の娘シモーネを応援に向かわせると言ってくれました。当時彼女は獣医助手として働いていたのです。シーマは不慣れな病院にいながらも、幼いころから一緒にいた友人シモーネと会えて、ほっとしたのではないでしょうか。そうであってほしいと思っています。私の友人エルスベスも病院に駆けつけるといって聞きませんでした。友情の力の偉大さを教えてくれたこの経験は、私にとってずっと宝物です。

獣医は少し面食らっているようでした。シーマはまだ歩けるのに、私が最期の処置をしてもらおうとしていたからです。打ちひしがれて話もできない私に代わって、エルスベスがこう説明してくれました――シーマはずっと激痛に苦しんでいて、生きる楽しみを失っている。さらにジェニーは近々引っ越すことになっていて、シーマがあと何週間か命をつないでくれたとしても、最期の日々を平穏に過ごさせてあげられない、と。

そう、もうしてあげられることは、なにひとつなかったのです。

鎮静剤が注入されると、シーマは静かに横たわりました。獣医が最期の注射を打とうとするとき、私は「あなたの手の匂いをかがせて、シーマに友達だと思わせてあげてください」と頼みました。注射が打たれてから数秒後、ずっとこらえていた涙がいっきにあふれ出しました。

その後の数日間は、心が軽くなって幸せな気分で過ごしました。シーマが痛みと苦しみから解放されたことが嬉しかったのです。悲しみが根を下ろしたのはそのあとでした。そして、その悲しみは何年も消えることがありませんでした。何週間もシーマのことを考えないこともありますが、ふとしたことでよく思い出します。彼女が手かげんなしの「とってこい」に夢中になっていた広場には、いまだに散歩に行くことができません。

私はシーマをこんなにも愛情深い人に託すことができたのだ。それはこの文章から十分に伝わってくる。ジェニーに心からありがとうと言いたい。

動物に愛はあるのか？

さて、まったくの推測ではあるが、もしも20年ほど前に人々に「人間とほかの動物を区別する能力は何か」と尋ねたら、「愛する能力」と答えただろう。過去には、人間以外の動物に、人間や動物を愛する能力があることを信じる人はほとんどいなかったのだ。人々の考えがこれほど劇的に変化した理由は定かではないが、変化したことはたしかだ。それどころか、さらにいえば、今日ではかなり多くの人たちが、「人間よりも愛する能力に優れた動物も存在する」と思っているのではないだろうか。もちろんその動物とは犬のことだ。こんな言い方もできるだろうか。「犬は人間とは異なる種類の愛、つまり矛盾のない純粋な愛を与えることができる」と。たしかにこれは何度も言われてきたことだ。だが、いざこの事実に気がつくと、誰もが決まってとてもびっくりして「自分にできないことをほかの動物にできるわけがない」と言い出すのだ。私たちは、自分よりも才能豊かな人がいるという明白な事実をふと突きつけられることがある。自分よりも歌がうまい人、賢い人、深い思考ができる人、芸術的感性に優れた人、運動神経に恵まれた人、親切な人……。だが、誰かから「あなたよりもはるかに多くの愛を与えられる人がいる」と言われても、素直に信じる気にはなれないだろう。そのため、犬と暮らしたことのない人が、犬に夢中な友人から「犬の愛はこれまで体験したどんな愛よりも素晴らしい」と聞いても、誇張しているか、勘違いしているか、あるいは頭がおかしいとさえ思ってしまうのだ。実際に体験してみないと、犬の愛がそれほどのものだとは信じられないだろう。だが一度でも体験すれば、この愛を知らずによく生きてこられたなと感じるはずだ。同じように私たちも、ともに暮らす犬や猫やほかの伴侶動物への愛を実感して初めて、彼らを愛せていることに気がつく。動物たちとすっかり恋に落ちて、純粋に熱烈に愛している自分自身を発見するのだ。

この愛の存在は、難解な哲学的な問いをいくつか投げかけてくる。ほとんどの犬は人間のことも仲間のことも愛することができる、この私の見解が仮に正しいとしよう。すると「その愛はどこからやって来るのか」、「なぜそこまでの愛が必要なのか」、「目的は何なのか」、「自然界には似たような愛があるのか」という問いが生まれてくる。私は最後の問いのなかに核心があると感じている。しかもこれは最も興味深い問いのひとつだ――「自然界には、犬が感じる愛に類似するものが存在するのか」。残念ながら、いつもその答えは見つからない。なぜなら、私たちは自然界における絆について――とりわけ愛情でつながった絆について――十分な知識を持ち合わせていないからだ。私たちは野生動物が情を見せる瞬間をよく目にしているし、その姿に衝撃を受けることさえある。それを否定する人はいないだろう。だが、どうしたら「情」が「愛」になるのだろうか。どうしたらその大切な一歩を踏み出すことができるのだろうか。情は誰もが観察できるものだ。定義する必要もほぼないだろう。一方で「愛」は主観的に感じるものだ。愛が存在するかどうかを答えられるのは、自分自身についてだけだ。あなたが妻に愛されているという有力な証拠を持っていたとしよう。それでも、本当のところは妻にしかわからないのだ。私は、野生動物も私たちの伴侶動物も、愛を感じることができると信じている。そんなふうに見えるからだ。だがそうはいっても、やや思い切ったことを言いすぎのような気もしている。たしかに、同じ相手と一生を添い遂げる鳥のなかには、伴侶の死を痛ましいほどに悲しむ鳥もいる。きっと彼らも私たちと同じように感じているに違いない。私たちの言葉ではそれを「愛」

と呼んでいる、それだけのことなのだ。クジラは長い一生をずっと同じ群れで過ごすことが多い——そこに単なる情を超えたものはないのだろうか。野生動物については綿密な研究が行われてきた。ジェーン・グドール博士の先駆的研究を皮切りに、チンパンジーやボノボの研究も進んでいる。私は、ほとんどの研究者が「情」という言葉から一歩踏み込んで、「愛」という表現を抵抗なく使うようになるだろうと思っている。だが、「愛」はやはりとても主観的なものであり、誰もが納得する落としどころを見つけることは不可能だ。私自身は動物たちの情を「愛」と呼ぶ立場を進んで公にしている。ところが、そうでない科学者たちもたしかにいるのだ。

ネット上で拡散している動画を例に見てみよう。動画では、迷子になった(あるいは両親を亡くした)幼いイッカク——「海の一角獣」と呼ばれる北極海に生息するハクジラの一種で、犬歯が伸びてできた大きな突き出した牙を持つ——が若いシロクジラの群れに引き取られたことを伝えている。この珍しい行動を観察した科学者は「この子も彼らの一員になった」と表現していた。読者の皆さんも、この現象について「イッカクはシロクジラを愛している」とか「シロクジラも愛で応えている」と表現することには抵抗を感じるのではないだろうか。そんなふうにとらえるのはとても難しいだろう。なぜなら要は、私たちがほかの生き物の感情を見抜くことができないからだ。想像力を働かせて、一瞬だけでも「私たち/彼ら」の区別をなくしたつもりになって、彼らの心や胸の内に入り込もうとするしかない。そんなやり方は非科学的だという指摘があることは承知している。だが、ここまで明白な現象を目にしながら、それを理解しようとする試みのすべてを否定するのもまた非科学的といえるだろう。動物学者たちは慎重な姿勢を取ってきたし、動物に感情や考えがあると見なすことにはリスクが伴うという意識を常に持ってきた。自分たちに動物の内面などわかるはずがない、そう彼らは主張してきたのだ。一方、今日では私と同じ立場を取る動物学者も多くいる。これまでの慎重さが過剰であったことを認め、もう少し自由に想像してみるべきだと考えているのだ。しかも——ここからは先の問いの核心に戻るが——犬はまさに人間という種に「愛」を与えてきたのだ。つまり、こんな主張が成り立つのではないだろうか——いや、そう主張したいのだが——実は犬たちは人間の感情を直感的に読み取って共感を示すという特有の能力を育んできた、と。犬が私たちの太ももに頭をのせて見上げてくるしぐさは世界共通ともいえるものだ。だが、体験してみると、誰もが身震いするほどの知的な興奮を覚える。それは人類史において類を見ないもの——人間に対する犬の愛——を私たちがまさに目撃しているからだろう。

ここまで、私は猫というより、犬に力点を置いて書いてきている。なぜかというと、人間の猫への愛には疑いのかけらもない一方で、猫の人間への愛についてはやや首を傾げてしまうからだ。猫たちには「情」も「友情」もある。それはたしかだ。だが、犬と猫のどちらとも長年暮らしてきて感じたのは、たくさんの猫たちの1匹として、犬と同じように私を熱烈に慕ってきたことはない、ということだ。猫たちは私を好きでいてくれた。それはわかっていたし、さらにいえば、そこに愛のようなものがあったのかもしれない。だがそれでも、犬が与えてくれるものとは違うと感じていた。皆さんには私の正直な気持ちをお伝えしておきたかったのだが、答えを出すのはやめておきたいとも思っている。もしかしたら、思い違いをしているのは私のほうで、猫たちは私を愛してくれていたのかもしれないからだ。しかも、猫が人間とともに暮らすようになったのは、犬と比べれば比較的最近であることも忘れてはならない。人間と犬との付き合いは、少なくとも2万5000年前にさかのぼるとされている。人間と猫も9000年というそれなりに長い年月を共有してきてはいるが、それでもやはり、いわば「共進化種」とまではいかない。犬と人間の「共進化」はいまや決まり文句のようになっているが、猫と人間が「共進化」してきたという見解は聞いたことがないのだ。

それでも、本書で折に触れてお伝えしてきたように、私たちが猫と非常に深い絆を結んでいることは間違いない。彼らが亡くなったときの悲しみは、犬に対する悲しみに少しも劣らない。私はけっして、猫相手では犬に対するようには親密になれない、というつもりもない。だがそうした考えを持っている人は多く、とりわけ何年も猫と暮らした経験のない人たちに顕著だ。また、ここで忘れてはならないのは、一般的に猫との暮らしのほうが、犬との暮らしよりも長くなるということだ。これは単に猫の平均寿命が犬よりも長いからだ。そのため、20年やさらに長く猫と一緒に暮らしてきたという人も珍しくない。その絆は親密で、だからこそ死によって引き裂かれるときの悲しみも強くなる。だがそれでも、私たちと猫との関係は、犬との関係とは異なる特徴があるのではないだろうか。それは単独行動を好む猫の性質に起因するものなのかもしれない。あるいは、一部の人たちがいうように、猫は犬のように完全には人間を信頼しないからなのだろうか。私は、猫たちの命の終え方のなかにヒントがあるような気がしている。

正確なところはわからないが、猫を自宅で安楽死させる人は、犬の場合よりも少ないように思う。猫にはひとりで命を終える習性があるようだ。猫がひとりでどこかに行って最期を迎えることについてはすでにお伝えしたが、ときにはひっそりと自らの手で命を終わらせることもあるようなのだ。つまり、犬の場合とは異なり、猫は静かに眠るための手助けを人間に求める気がないのではないだろうか。しかも、最期の過ごし方をすでに知っているようにも見える。その理由を考えてみても、私は答えを見つけられずにいる。どうやら私の経験だけでは無理なようなので、猫にもっと詳しい読者の皆さんから聞いた話をお伝えしていきたいと思う。次の章では猫とその最期について、よりつぶさに見ていくことにしよう。

4

Cats Know More About Death Than We Suspect

猫は最期を知っている

猫科のいちばん小さな動物、
つまり猫は最高傑作である。
——レオナルド・ダ・ヴィンチ

いまや知らない人はいないが、犬は訓練によって癌をかぎ分けられるようになる。しかもその結果は、どんな癌専門医の診断よりもはるかに正確だ。だが、癌を見つけた犬がその人に同情するのかどうかまではわからない。悲しい気持ちになるのか、それとも病気を見つければご褒美がもらえるゲームとしか感じていないのか……どうにもわからないのだ。爆発物の探知犬が対象物になんの感情も抱かないことはたしかだ。だが一方で、2001年の米同時多発テロの際に救助に当たった犬たちは、生存者を見つけられなくなると落ち込んでしまったという。私はこれを「ゲーム」がつまらなくなったからだろう、と片づけることはできないと思う。きっと彼らには、人間からとても大事なことを任されている自覚があったのだろう。また、研究者たちは、犬が差し迫る死をかぎ分ける能力を持つかどうかにも関心を持っているが、いまだ検証はされていない。一方で、猫のほうはというと、どうやら死をかぎ分けることができるようなのだ。というより、少なくともそんな猫が1匹いることはたしかだ。ただ、検証の結果として判明したわけではなく、自然発生的にそんな現象が起こって、世界中で報道されているのだ。

猫が人の死を感知する？

2007年、米医学誌『ニュー・イングランド・ジャーナル・オブ・メディシン』は、"A Day in the Life of Oscar the Cat"（猫オスカーのある1日）と題する全面記事を掲載した。記事では、老年医療の専門医でブラウン大学医学部のデイヴィッド・ドーサ准教授が、2歳の猫オスカーについてのエピソードを紹介している。オスカーは仔猫のころに、ロードアイランド州プロヴィデンスにある、認知症患者やアルツハイマー病患者が暮らす「ステアー・ハウス看護リハビリテーション・センター」に引き取られた。世界中が注目したのは、オスカーがある不思議な才能――こう呼んだほうがよければだが――を持っているという「事実」だった。オスカーは患者の部屋にふらりと入り、患者の枕元で添い寝をしてゴロゴロとのどを鳴らしながら待つ。いったい何を待つのかというと、数時間後に決まって訪れる患者の「死」だ。オスカーは毎日さまざまな患者の部屋に出入りするのだが、長く居座るのは、もうすぐ死を迎える患者の部屋だけだという。なぜオスカーにはそれがわかるのだろうか。答えは誰もが知りたいところだろう。２００７年に記事が発表されるまでに、オスカーが臨終の場に「立ち会った」——オスカーの行動や能力を正確に表現する言葉が見つからないのだ——患者の数は25人を超えていた。その数は２０１０年には50人、２０１５年にはなんと１００人に達している。オスカーの見立てはいつも正しかったそうだ。

施設にはオスカーのほかにも5匹の猫がいるが、いずれの猫もこの「死の天使」が持つような能力——なんと呼ぶかはもうお任せしよう——は持っていないのだ。施設ではペットとの触れ合いを大切にしていて、オスカーが暮らす(あるいは統括しているつもりの)フロアには41床の病床があり、末期のアルツハイマー病患者のほか、パーキンソン病やその他の病気を抱えた患者を治療している。看護師らによると、オスカーはフレンドリーな猫ではないそうだ。誰かが撫でようとするとシューッという声を出し(重要な仕事の最中だったのだろうか)、いつもよそよそしい態度を見せているという。オスカーが天職を遂行し出したことに医師が初めて気がついたとき、彼はまだ6カ月の仔猫だった。オスカーが25人目の患者の死を看取るころには、彼が配置に就くと、スタッフのほうも患者の家族を呼ぶときが来たと悟るようになっていた。見たところ、オスカーはただ昼寝をしているだけなのだが、スタッフは家族に電話をかけるのだ。なぜなら、このオスカーという、とんでもない猫の見立てはいつだって正しいからだ。

ここでさっそく3つの問いが浮上している。

1. オスカーは何をしているのか——もっと議論を刺激する言い方をすれば——オスカーは何をしているつもりなのか。
2. どうやってオスカーは死をかぎつけるのか。
3. これは本当の話なのか。

まず3つ目の問いから答えよう。この話が真実であることは、医学の権威として尊敬されるシッダールタ・ムカジー博士も確信しているほどだ[*1](ムカジー医師は『がん―4000年の歴史』が高い評価を受けている作家でもあり、最近では『遺伝子―親密なる人類史』が称賛されている)。もちろんこれを確証バイアスの一例に過ぎないとして、懐疑的に見ている人たちもいる。確証バイアスとは、何かを信じたいと思うあまりに、それを反証する情報——たとえば、オスカーが添い寝をした翌日もぴんぴんしていた人は何人いたかなど——を無視する傾向のことを言う。

では1つ目の問いに移ろう。いったいどんな猫なら、いまにも亡くなろうとする人に添い寝をするのだろうか。情け深い猫、神秘的な猫、邪悪な猫（不本意ながら、死を猫のせいにする人もたしかにいる）、あるいはうたた寝できる静かな場所を求めているだけの猫……。ここで結論を急ぐよりは、私自身の経験を話しておいたほうがいいかもしれない。何年も前に私が高熱を出したときのことだ。一緒に暮らしていた女性は、私のうなり声が気に入らなかったようで、静かな廊下に私を移した。そこなら私が苦しみを表現しても聞いている人は誰ひとりいない。いや、わが猫ヨーギがいた（正しくは何代目かのヨーギだ。私は気に入った名前を繰り返し使ってしまうので）。ヨーギは私の声を聞いてくれるばかりか、お腹の上で丸くなって、どこうとしなかったのだ。私はわくわくしていた（幸いなことに私はまだ「猫のオスカー」の恐ろしい能力のことは知らなかった。でなければ、体じゅうの警報が鳴っていたはずだ）。ヨーギが恋人よりもよき友人であることを立証してくれたと感じていたからだ（いま思えば当時の私の勘は正しかった）。だがあとで考えると、ヨーギはただ温かくて心地よいところで横になろうとしていて、ちょうど高熱のせいで最も温かい場所になっていた私の体を見つけた、ということなのだろう。悔しいけれど、いまなら認めることができる。

さて、最も意見の分かれる2つ目の問いについて考えてみよう。この件について見解を述べる医師のほとんどが、オスカーは病室に入るときに空気をかいだのだろう、と指摘している。オスカーは人間が気づかないレベルの臭い――死んでいく細胞から発生するものと思われる――を感知できたのではないか、というのが彼らの見立てだ。この説明は支持されやすいだろう。というのも、私たちは「動物は人間の知らない世界を知っている」と考えるのが好きだからだ。地震を感知したり、津波を予測したり……。私はその可能性を排除するつもりはない。だがそれなら、オスカーと同じ能力を発揮する猫が1匹も見つかっていない事実についても説明がつかねばならない。まあ、愛犬家に聞けば「どんな猫でもできるけれど、面倒くさいからやらないだけだ」という完璧に理にかなった説明をしてくれるとは思うが。

それはさておき、ここでムカジー博士のエッセイを少し見てみよう。最後はこんな言葉で結ばれている。

> たしかにアルゴリズムのほうが、人間よりも正確に死の傾向を把握できるのかもしれない。だがそんな世界を想像すると、なぜか背筋が寒くなってしまう。そこで私は自分にこう問いかけてみた。もしもそのプログラムが白黒の毛に覆われていて、しかも確率データをはき出す代わりに爪をひっこめて隣で添い寝をしてくれたら、もっとずっと受け入れやすいのではないだろうか、と。

なるほど。つまり、どんな医師よりも、人間の死期が迫ることを巧みに察知できる機械を発明することはできるだろうが、私たちはそんなやり方を好きになれない、ということだ。そう、私たちは猫にその役目をお願いしたいのだ！　しかも忘れないでもらいたい。アルゴリズムによる死期の予測範囲は数カ月だが、われらがオスカーのほうは数時間だということを。

私は愛猫家だが、死が予測できるという人に対してはもれなく（それが医師であっても）懐疑心を抱いてしまうので、オスカーの話を聞いて、なんとも興味深いジレンマにおちいっている。オスカーの話を初めて聞くと、誰もが信じようとする。猫に神秘的な力があると考えるのが楽しいからだ。だが、よく考えてみれば、これはかなり無謀な話だし、控えめに言っても相当変わっている。一流の医師であっても、最も精巧にプログラムされた（最先端のアルゴリズムを搭載した）コンピュータであっても、「この人はこの夜に亡くなります」と言うことができないなら、いったいぜんたいなぜ猫にできるのだろうか。

1匹の猫にできるなら、なぜほかのすべての猫にはできないのか。あるいは、すべての猫にできるとしたら、なぜしないのか。私たちは猫をもっと大事にして、もっと敬意を払うべきだろうか。最後の問いについてはまったくそのとおりで、オスカーの記事がきっかけで、猫の里親が一気に増えてくれていたらと願っている。だいたい猫を殺処分することなど、どうしてできるのだろう。彼らは私たちの死期を知っていて、お願いしたら教えてくれ、最後に慰めてくれるかもしれないというのに。しかも、猫にはまだまだ秘策があるのかもしれないのだ。たとえば、私たちが死なずにすむ方法を教えてくれるとか……想像は膨らむばかりだ。

仮に私たちが、猫にはひと目で人の死期を予測する能力があると理解したとしよう。問題はそこからだ。いったいどうお願いすれば、猫は死期を教えてくれるのか、あるいは、より喫緊の問題としては、教えないでくれるのか。同居してくれる猫をいますぐ探しに行けばいいのか、あるいは、すやすやと眠る愛猫に出て行ってもらうことになるのか……。今度のディナーパーティでこの話題を出して、親しいゲストたちの反応を見てみてほしい。きっと彼らの多くが猫のことを人間よりも優れた存在だと思っていることがわかって、びっくりするだろう。私自身も、多くの動物は人間よりもずっと豊かな感情世界を持っていると考えている。だから私にとっては、猫が死を「感知」できて、持ち前の礼儀正しさから秘密にしてくれているとしても、あながち信じがたい話というわけでもない。

猫は何をもって死をかぎ分けるのか

ここまで、若干の遊び心も発揮しながら書いてきたが、実はこの話はとても重大で興味深い問いを投げかけている。先ほども述べたように、犬はどんな医師や機械よりも、はるかに正確に癌をかぎ分けることができる。だが、その対象は癌という「病気」だ。一方で、オスカーは何をもって「死」をかぎ分けているのだろう。人間の体から何かをかぎ取っているのか、それとも、死が近いことがただ「わかる」のか……。死期の迫る人を見つけて添い寝するほかに、オスカーの身にはいったい何が起きているのだろうか。それを探るのはとても困難だし、「彼は何も考えていない」というのが大方の意見だろう。だが、多くの人が抱く「猫は死に対して無関心である」という考えが間違っていて、オスカーを含む猫たちは「人知を超えたる」何かを知っている、そんな可能性だってあるのだ。

そう、オスカーは死について何かを知っている可能性がある。だが、「彼は死にゆく人を癒そうとしている」と言ったら言いすぎだろうか。私は必ずしもそうではないと思っている。そこで知りたいのは、猫は人間の健康にどのくらい影響するのかということだ。まず、医学的には、猫がゴロゴロとのどを鳴らす行動には、人間の心を落ち着かせて幸福感を上げる効果があるとされている。なるほど、これには私たちも納得できるし、異論を唱える人も多くないだろう。ミズーリ大学獣医学部の猫遺伝学・比較医学研究所で首席研究員を務めるレスリー・ライオンズ教授は、次のように述べている。「猫ののど鳴らし行動はストレスを軽減させる――のどを鳴らす猫を撫でる行為には鎮静効果があり、猫と人間双方の呼吸困難の症状を緩和する。さらには血圧降下や心臓病リスク低減の効果もあり、猫を飼う人はそうでない人に比べて心臓発作のリスクが40%低い[*2]」

「盲導猫」はいない？

だが、もしも私たちが「猫は人間の命を救いたがっているんです」と言ったら、きっと人々からは「あら、そうなんですか。どんな証拠がありますか」という言葉が返って来るだろう。実際に私がよく耳にするエピソードは、火事に襲われた家で眠る人間を、猫が起こそうとしてくれたというものだ。キャットドアから自力で逃げられた猫でさえ同じように助けてくれたという。では、猫はどのくらい人間のことを救おうとするのだろう。残念ながら、犬ほどではない、と言わざるを得ない。盲導犬はいても、盲導猫はいないのだ。もしも米同時多発テロに襲われた世界貿易センタービルに飼い猫がいたとしても、一瞬で逃げてしまったのではないだろうか。自分をかわいがってくれた人間たちが暗がりの階段を降りていても、猫が自ら誘導役を買って出たとはどうしても思えないのだ。一方で、人間を救った盲導犬が少なくとも2匹はいたことがわかっている。78階にいたマイケル・ヒングソンの盲導犬ロゼル、71階にいたオマール・リヴェラの盲導犬ソルティだ。だがここで注目すべきは、どちらの犬もビルに戻ってほかの人たちを救助することはなかった、ということだ。つまり、ゴールデン・レトリーバーのデイジーがビルに3度も戻って900人以上を救った、という話がネットで人気を集めたが、残念ながら純粋な作り話だったのだ。素敵な話だとは思うが。ここで猫のために言っておくと、仔猫を救うために燃えさかる炎をものともせずに何度でも建物に入っていく猫のエピソードなら、数えきれないくらい聞いている。ただお気づきだろうか、彼らが救おうとするのは仔猫であって、人間の赤ん坊ではないことに。

人間が死ぬこと、というより人間の命には終わりがあることを、犬や猫が知っているかといえば、それは定かではない。しかも、自分の命がやがては終わることを彼らが知っているのかどうかは、さらに不明だ。だからといって私は、犬や猫は死が迫ろうと、死を予感しようと恐怖を感じたりはしないと言いたいわけではない。ただ、彼らは死について、前もってあれこれ考え込んだりはしないだろうとは思っている。彼らは私とは違うのだ。

人間の「専売特許」を疑う

ここまで書いてきて、自分がこの分野の専門家のような顔をしようとしていることに気がついた。だが実際は専門家になれる人などいないと思う。こうした分野について専門家として語る行為は、まるで「男性よりも女性のほうが燃えさかる建物から人を救い出すだろう」とか、「災害時には大方の人は他人には構わず、自分（と猫）のことで精いっぱいになる」と言うようなものだ。読者の皆さんも「ちょっと待って。そんな一般化にはなんの意味もない」と反論したくなると思うが、それはもっともなことだ。自分が目撃していない現象は存在しないと考えていいわけではないだろうし、人はそれぞれ異なり、その行動もまったく異なることを忘れてはいけない。たとえば、見ず知らずの人が危険な目にあっているのを見たとき、溺れていようと火に包まれていようと命がけで助けに行く人もいるし、そうでない人もいる。そう、私たちはおしなべて、すべての人類のごく一部について知っているだけなのだ。どれだけ博識の人でも、やはり知識は限られている。もっと大きな歴史的視点から見ると、50年ほど前に固く信じられていたことが、もはや真実ではなくなっている。あちこちで議論されていることだが、そう遠くない過去には、人間だけが備える特性を簡単にリストアップできると考えられていた。たとえば、道具の使用、文化の伝達、言語、複雑な感情、共感、騙す能力、芸術鑑賞（美的感覚）、建築……。これらはいわば人間の専売特許とされてきた能力だが、いまではその一つひとつについて、もっと慎重に観察や研究が進められている。宗教的な感覚を持つ動物がいる可能性すら指摘されているくらいだ。だから私は、自分が猫や犬について「彼らはこういう行為はしない」といった意見を述べるときには、とても限られた視野からの発言だという意識を忘れないようにしている。読者の皆さんにも、私の言葉を真理や科学的確信としてではなく、一緒に議論に参加するためのきっかけとして受け取ってもらえたらと思う。

仔犬と仔猫の愛らしさ

人間の専売特許でないのは、なにも能力に限らない。性格についても、犬や猫は1匹たりとも同じではないのだ。その点で彼らは人間と少しも変わらないと私は実感している。だが、その事実をつい忘れてしまうこともある。今朝、小児科医である妻の診察室に、9歳の少年を連れた女性がやって来た。生後13週の仔犬も一緒だった。キャリーケースのなかの仔犬を見て私は確信した。彼は扉が開くやいなや、私の手をなめ、熱烈に尻尾を振りながら、私や見物人たちを熱狂的に歓迎してくれるだろう。人間にもこんな幼児はいるかもしれないが、多くはないと思う。だが、私はここで無謀にも「ほぼすべての生後13週の仔犬は彼とまったく同じように振る舞う」と断言するつもりはない。私がお伝えしたいのは、犬は喜びを表現して私たちを骨抜きにするように設計されているということだ。どんな犬でもだ。もちろん、犬も成長の過程で環境の影響を受けて、非常にさまざまな性格を身に着けていく。だがどんな犬でも仔犬時代には、人を魅了してやまない「*joie de vivre*（ジョイ・ド・ヴィーヴル）（生の喜び）」にあふれている（もちろん年長の犬も生の喜びを見せてくれる。だが私の限られた経験から言えば、仔犬ほど生きる喜びにあふれた動物はいない——私が出会ってきた仔犬はほぼもれなくそうだった。たくさんの仔犬たちだ）。実はこれは進化がもたらしたひとつの神秘なのだ。もちろん私も、動物の赤ん坊がみな愛らしく生まれてくるのは、親にそばで世話を焼きたいと思わせるためだという説については承知している。だが、はたして仔犬を愛らしく感じるのは人間だけなのだろうか、ほかにも同じように感じる動物がいるのだろうか。もちろん捕食者が往々にして幼い動物を狙うことを考えれば、すべての動物を一緒くたに考えることはできない。だがどうやら、人間と同じように感じる動物もいるようなのだ。私はそれをゾウの事例から教えてもらった。ゾウは小さくて無力なかわいらしい動物の赤ん坊を見ると、喜びに近い感情を抱くか、少なくとも攻撃の対象にすることはない、と言われているのだ。

　愛らしいのは仔猫も同じだが、その愛らしさは仔犬に感じるものとは別ものだ。仔猫たちは仲間同士でじゃれ合っているときにこそ、とりわけ愛らしい姿を見せてくれる。ところが人間が相手となると、仔犬のように思うままに喜びを表現することはない。彼らは仔猫のころからすでに自分に満足していて、ひとりで楽しむほうが好きなのだ。仔犬の場合は構ってあげないと、びっくりして動揺してしまう。事態がのみ込めず、「これはどういうことなの」と言わんばかりの表情を見せてくる。仔犬にとっては、人間に遊んでもらうのは当然で、拒まれることなどまずないからだ。

4

Cats Know More About Death Than We Suspect

猫に恋してしまう理由

ここまで読んでくださった皆さんなら、私たちが犬や猫にどうしようもなく恋してしまう理由について、いくらか納得できたのではないだろうか。彼らの一生は始まりから終わりまで、そのすべてが私たちに愛されるようにできているのだ（ごく最近わかったことだが、犬は進化の過程で人間の関心を引く眉の動かし方を発達させてきたという——そのうち猫にも似たような現象が見つかるかもしれない）。彼らは生まれたその日から、極めて純度の高い喜びを私たちに与えてくれる。この得がたい体験が死によって失われるとき、私たちの心は衝撃に打ちのめされてしまう。私たちは愛する人を失うと、その人と歩んだ愛憎半ばする人生を振り返ることがある。だが、犬や猫との別れにおいてそんなことはしない。彼らに憎しみを抱く理由など、どこにもないからだ。

ほとんどの人たち（あるいは、少なくとも動物の死について思い巡らす人たち）がまず抱くだろう問いがある。それは「愛猫を亡くした人も、愛犬を亡くした人と同じくらい悲しみに打ちひしがれるのか」というものだ。断言しよう、答えは「イエス」だ。私たちと猫の間の絆はとても深く、それゆえに死別の悲しみもまた深くなる。これについては、どんなに猫の魅力に懐疑的な人がいても、ネットで少し検索して、事例を教えてあげれば納得してくれるはずだ。しかも実際には、犬よりも猫を亡くした悲しみのほうがさらに強いと言っている人たちもいる。理由は単純で、猫のほうが平均的に犬よりも長く生きるため、猫と連れ添う年月のほうがより長くなるからだ。同じ猫と20年間をともに過ごす人も珍しくない。世間では往々にして「猫と暮らす孤独な老女」が話題に挙がり、そんな老人や女性、あるいは猫を伴侶とする人がどこか病んでいるかのように語られることがある。だが彼らの間には深い絆があるのだ。けっして疑いの目で見たり、茶化したり、軽んじたりしてはいけない。どうか忘れないでほしい。彼らはとても長いこと朝から晩までずっと一緒に生きてきたのかもしれないのだ。それなら、互いを真剣に思っているはずだ。これほど親密な絆を結んだ猫を亡くすことは、まさに人生を変えてしまう体験だろう。もしあなたの友人にそんな女性がいたら、どうか彼女のそばにいて、猫の思い出話を聞いてあげてほしい。きっと素敵なエピソードを教えてもらえるだろう。自分のものさしで彼女を決めつけるのはよそう。無知なのは自分のほうだったと恥じることになってしまうから。

猫を失うと恋しく感じるものを挙げてみよう。まずは、いつもそこにいてくれることだ。家に帰って来ると、ほとんどの猫は「やあ、どこ行ってたの。そろそろ帰るころだと思ってさ」といった調子で出迎えてくれる。この野性を忘れない生き物が、自分の家を住みかとしてくれているなんて、いつまでたってもわくわくする。光栄にも自分は一緒に生きる相手として猫に選ばれたのだ、そんな誇らしい気持ちになる。しかも、軽やかな足どりで

4

Cats Know More About Death Than We Suspect

歩く猫の優雅さといったらない（猫はいつもジャングルのなかを、姿を隠して音をたてずに忍び足で歩いてきたのだ）。猫は私たちのひざに乗ってくれたり、ラッキーなときは一緒に眠ってくれたりもする。猫と眠る、それは至上の喜びともいえる体験だ。猫は私たちの体に沿って体を伸ばすと、魔法をかけるみたいにゴロゴロとのどを鳴らして私たちを癒しながら、すっと眠ってしまう。ああ、この野生味あふれる動物が腕のなかで眠るほど自分を信頼してくれている、私たちはそんな感覚をひとしきり味わう。これほどの体験を恋しく、それも強烈に恋しく感じないわけにはいかない。猫を失った喪失感を癒す方法はひとつだけだ。いつか（かなり先になるかもしれないが）いちばん近くのシェルターに足を運んで、あなたと同じくらい、あなたを求めてくれる別の猫を見つけることだ。一度でも猫と暮らしてしまうと、猫のいない人生を送るのはとても難しくなる。どうやら私もそうなってしまったらしい。79年間の人生で何十四もの猫と暮らしてきたが、いまはシドニーに住んで、移動のとても多い生活をしているので、猫のいる人生はお預けするしかない。これがかなり辛いことなのだ。そこで私はクリエイティブな解決策を模索中だ。まず試したのは「共有猫（シェアド・キャット）」というアイディアだ。スペイン滞在中に、猫と一緒にいたい欲求を満たすべく、毎日、野生の猫がたくさん集まっている海岸を訪れることにしたのだ。だがそれでも恋しく思うのは、猫と眠るときのあの親密さだった。人生において、あの体験にまさる喜びを見つけるのはかなり難しい。

猫について、そして死について考えるなかで、わかってきたことがある。それはほかの動物たちが「死」をどうとらえているのかについて、私たちがいかに無知かということだ（人間の死についてさえ、あまり理解できていないのかもしれない）。もしかしたら動物たちは、これまで私たちが考えてきたよりも、死をよく理解しているのかもしれない。私は猫と暮らし、猫のことを考えるなかで、人間の領域を超えた彼らの知識について、私たちがいかに無知であるかを教えてもらった。あの猫のオスカーは、誰も知らない、あるいは知り得ない何かをたしかに知っていたのだ。オスカーだけが特別なのか、猫が秘密を隠しているのかはわからない。いずれにしても、光栄にも一緒に暮らしてくれる、あの小さなトラたちのことを、私たちはつぶさに観察していくべきだろう。

5

The Time of Death

別れのとき

ペットには自分の身に起きていることも、
その理由もわかりません
——彼らにわかるのは、
あなたがそばで「大丈夫だよ」と
声をかけながら、愛してくれていること、
ただそれだけなのです。

——獣医

正直なところ、私は概して安楽死に大賛成しているわけではない。ここで「概して」という言葉を使ったのは、人間の安楽死が念頭にあるからだと思う。なぜ私が人間の安楽死を支持しないのか。理由はそれほど複雑ではない。まず、私は多くの文献に当たって、第二次大戦下の第三帝国［ナチス統治下のドイツの異称］が行った精神障害者の強制安楽死について研究していて、そこで気が滅入る事実をたくさん知ってきた。さらに、オランダ、ベルギー、米国における、最近の安楽死論争に関する文献にも当たりはじめたが、あまり好ましくない傾向が読み取れるのだ。なかでもベルギーでは、子供のうつ病患者に安楽死を認めようという動きがある。私は信じられない思いでこの件についてかなり深く掘り下げてみたのだが、読めば読むほどぞっとする事態がわかってきた。米誌『ニューヨーカー』のレイチェル・アヴィヴが関連する記事（2015年6月22日付）を投稿している。[*1] 記事では、安楽死を熱心に推進する医師ウィム・ディステルマンズ博士の論議を呼ぶ活動を取り上げているのだが、彼は必要性がかなり疑わしい症例においても、安楽死を勧めているのだ。そのなかには、いわば末期うつ病――「治療の施しようがない」うつ病[*2]――を患う子供も含まれる。

想像してみてほしい。もしも治療の施しようがない病気を患うたびに、安楽死を勧められたらどんな気分になるだろう。しかもディステルマンズ氏は、ベルギーの連邦安楽死委員会の共同委員長を務めている。この委員会が個々の症例について、安楽死適用の可否を判断しているのだが、これまでに認可されなかった症例は一例もない。さらに、ディステルマンズ氏は、安楽死の施行機関の経営者でもあるのだ。こうなると、利益相反もいいところではないだろうか。一方で、彼を批判している人たちが世界中にいることも、ここでぜひお伝えしておきたい。彼に批判の矛先が向かうきっかけとなったのが、安楽死についての「熟考する」セミナーだった。彼はこのセミナーを、精神科医たちを引き連れてアウシュビッツで開催したのだ。言うまでもなく、アウシュビッツという町は、ナチスが「生きるに値しない命」と判断した人たちの大量虐殺を行った中心地である。優生思想による殺人という惨事について、いまも人々に生々しく語りかけてくる場所だ。だがディステルマンズ氏は2013年、アウシュビッツ強制収容所に70名の「健康分野のプロフェッショナル」――安楽死に関心を持つ医師、心理学者、看護師たち――を連れて行った。彼にとってこの場所は、「思考を刺激してくれる会場なので、セミナーを開いて、安楽死に関する課題について熟考し、混乱した事柄の検討や整理をするのに適している」らしい。「混乱した事柄」のひとつは間違いなく、世界で最も死を想起させる場所で行われた、このツアーそのものだろう。

待機的観察で最期まで向き合う

幸いなことに、私たちが愛する動物については、こうした問題を考えなくてもいいだろう(先の話は警鐘として受け取ってもらいたい)。少なくとも、犬や猫がうつ病になったので安楽死させたい、という人の話はまったく聞いたことがない。そう、彼らにうつ傾向が見られたら、まず安楽死を考えるのではなく、悲しみの原因を見つけて取り除いてあげることだ。とはいえ、犬を幸せな気持ちにするのはたやすいので、私なら特別なことは何もしない――ただ一緒にいてあげるだけでいい(犬に抗うつ剤を投与すべきかという議論については、本書の主旨からあまりに外れていると思う。ここでは、犬や猫、そして人間についても、私は薬全般の投与を支持していない、ということだけお伝えしておこう。薬よりも、食事、サプリメント、運動のほうが効果的だと思っているからだ。これが一般的な考え方ではないことは承知しているが、私はどんな精神病薬に対しても、ひどい副作用をもたらす可能性を考えると、かなり慎重になってしまう）。

しかしながら、愛する動物の最期が近づいている、そう感じるときはきっとやって来る。理想の最期を思い描くならこんなふうだろう。ほとんど気づかないうちに、ある日ひっそりと死の影が忍び込んでいる。あなたはいつもどおりに犬や猫と一緒に眠りにつく。だが、翌朝目を覚ますと、彼らはもう息をしていない。理論的には、こういう終わり方もあり得ないわけではない。だが、非常にまれだろう。もっとずっと多いのは、だんだんと衰弱が進んでいくケースだ。あなたはリードを手に取って散歩の合図をする。でも、あなたの犬はドアに駆けていって喜びに体を躍らせてはくれない。ただ悲しいまなざしであなたを見上げて「今日はいいや。でもありがとう」と伝えてくる。あなたには、彼が怠けているのでも意固地になっているのでもなく、痛みに苦しんでいることがわかる。普段からむずかるような犬ではないので鳴きわめいたりもしない。でも、体がどんどん弱ってきていることは見て取れる。こうした衰弱については、とてもゆっくりと進行するケースもあり、その場合にはささいな変化もすべて目にすることができる。だが急激に衰弱してしまうケースでは、突然、いつもの犬がまったく別の犬のようになってしまう。というより、同じ犬でありながら、あなたの想像を超えるほど体が動かなくなってしまうのだ。

　では、獣医に最後のお願いをするまでの時間を使って、私たちは犬たちに何をしてあげられるだろうか。私の好きな医療用語でいえば、「待機的観察（ウォッチフル・ウェイティング）」をすることだ。あなたの犬に終わりが近づいているとわかっても、見守りながら待ってあげるのだ。互いにとって心満たされる時間をたっぷり過ごせるかもしれない。あなたの犬を何度も抱きしめて、たっぷり愛してあげよう。たくさんの時間を一緒に過ごそう。冬の長い夜には彼女はベッドで丸くなり、あなたをずっと見つめてくれるはずだ。彼女はもう外に出かけることはできない——世界は縮んでしまった。彼女の世界にいるのはあなただけだ。突然、あなたが彼女のすべてになったのだ。彼女は文句を言うこともなく、足りないものを埋めるために、熱烈に愛そうとする。その愛情の向かう先はあなただ。それは、急にあなたが必要になったということではない。犬とはそういう生き物なのだ。犬はもともとそんなふうにできている。ただ、最期が迫るという状況のせいで、あなたは犬の愛情をいつもより感じやすくなっている。いや、というより、犬の愛情がさらに純粋なかたちではっきり現れている、と言ったほうが適切かもしれない。一部の人にとって、そしてもちろん多くの犬にとって、このときこそ互いの絆が最も強まる瞬間なのだろう。終わりが確実にやって来る、その目前のひとときだ。私が心動かされたある動画では、若い男性と彼の犬が同時に癌を患いながらも、愛情によって互いを支え合っている様子を伝えている。そこには、ほかの誰からも得られないような、唯一無二の愛情のかたちがあった。1000件を超えるコメント(200万人近い人がこの7分間の動画を視聴した)からは、この話に誰もが心動かされたことがうかがえる。彼らの姿を見て涙を我慢できる人はほとんどいないだろう。[*3]

その子なりの「レッドライン」を考える

あなたのかたわらにいる動物が旅立ちのときを教えてくれるかといえば、いつもそうとは限らないだろう。彼らはあなたと同じくらい、あなたを頼りにしている。あなたと同じくらい、ひとりにしないでと思っている。では、どうしたら最期のときがわかるのだろうか。正直に言ってしまえば「わからない」というのが答えだ。だが肝心なのは、ほかの誰にもわからない、ということなのだ。あなたの犬を獣医——特にまだ付き合いの浅い獣医——に診てもらっても、この疑問は解決しないかもしれない。彼らの答えが間違っている可能性があるからだ。もちろん犬がその兆候を見せることもあるし、私たちのほうでも、ここの一線を越えたら危険という、自分なりの「レッドライン」を持っている。たとえば、犬がお漏らしをしたらどうだろう。これは私のなかではレッドラインは越えていない。実体験からそう思っている。先にもお伝えしたが、私たちの息子イランは、この原稿を書いているいまもベルリンに住んでおり、ゴールデン・ラブラドール・レトリーバー種のわが

5

The Time of Death

家の愛犬ベンジーと暮らしている。私の著書『ヒトはイヌのおかげで人間（ホモ・サピエンス）になった』はベンジーのおかげで生まれた本だ。ベンジーはいまでもイランと一緒にベルリンの公園を2時間も散歩するし、寒くなればなるほど嬉しそうにしている。だが、そんな彼もお漏らしをするようになった。それも家のなかというだけでなく、ある場所でもだ。イランとベンジーは幼いころからずっと一緒に眠っているのだが、目覚めるとベッドが汚れている日もあるそうなのだ。これはたしかに楽しいことではない。でもだからといって、ベンジーに最期が迫っているとは私もイランも思っていない。汚れたら洗濯すればいいし、犬用のおむつだってある。ゴム製のマットレスやビニールを敷くこともできるし、人間のベッドの上に大きな犬用のベッドを置けば掃除もしやすいだろう。すべて解決できる問題なのだ（だがたしかに衰弱の初期兆候ではある）。そうなのだ、ベンジーは相変わらず愛情たっぷりとはいえ、少しずつかつての彼ではなくなりつつある。とりわけ初めての公園ではいまだに全速力で走り出すのだが、たいていはスピードががくんと落ちてしまうのだった。足が痛むせいなのか、体力が続かないせいなのか……イランも頭を悩ませている。とはいえ、毎日少なくとも3回は散歩に行くし、外に出ることを楽しんでくれている。だがやはり、彼は明らかにかつてとは違うのだ。いまの彼は大型犬であるゴールデン・ラブラドール・レトリーバーとしては、かなりの老犬になってしまった。そんなベンジーの老いゆく姿を見守るのは、イランにとって心が張り裂けるほど辛いことだ。彼は私にこんな相談をしてきたことがある。「父さん、どうしたらベンジーの最期がわかるのかな。父さんに前もって知らせておけば、いざというとき、母さんと一緒にオーストラリアから駆けつけてくれるよね。ベンジーを最後に獣医のところに連れて行くとき、助けてほしいんだ。僕ひとりじゃ無理だよ」。彼の気持ちはよくわかる。だが私と妻レイラにとっても、これはたやすいことではない。私はたくさんの動物たちと暮らしてきたが、そんな瞬間に立ち会ったことがないのだ。自分がどうなってしまうのかもわからない。かつて私の腕のなかで息を引き取ったパピー、毒で殺されてしまったタフィ、静かに眠ったまま目覚めなかったミーシャ……。父がロサンゼルスで亡くなったとき、私はバークレーにいた。母がニュージーランドで亡くなったとき、私はオーストラリアにいた。パピーの場合を除けば、私は79年の生涯のなかで、死に立ち会うという経験をしてこなかったのだ。なんという巡り合わせなのだろう。しかも、愛する伴侶の最期をどうしても見届けたいかというと、そうとも言えない自分がいる。そんな人は少数に違いない。たしかに、最期が穏やかで、立ち会えてよかったと言っている人もいる。そしてもちろん、最期には親しい人たちに囲まれたいという人の気持ちも理解できる（犬が息を引き取るとき、周りを見わたして家族を探すと言っていた獣医もいた）。私にもいつかは、大切な誰かの最期をそばで見守るときが来るのだろう。そう考えるだけでも、心が参ってしまう。

「最後の決断」に正解はない

腸機能の衰えはそれほど深刻な症状でないという私の意見に沿って考えるなら、もっと深刻な症状の兆しとはどんな状態を指すのだろうか。たとえば、食べようとしない、痛そうにしている、水を飲まなくなる、起き上がれない、歩けない……。こんな症状が次々と現れてきたら、ずっと深刻な状態といえるだろう。ただ、いまのベンジーの状態（あと1年か2年は続くだろう）を見ていて私が思うのは、彼の気持ちを置いて、私たちだけで物事を進めたくない、ということだ。ベンジーは私に目で合図して「いまだよ」と伝えたりはできないし、彼の表情からそれを読み取る自信は私にはない。だから思うのだ。ベンジーがある朝目を覚まさず、そっと旅立ってくれたらと。イランが目を覚ますと、隣でベンジーが安らかに眠っている、そんな最期を私は願っている。きっとイランは慰めようがないほど悲しむだろう。だが、彼はベンジーの苦しむ姿を見ることも、命を終わらせる注射を打つ決断をすることもせずにすむのだ。読者の皆さんのなかには、安楽死が最も優しい答えであり、最も勇気のいる決断でもあると思う人もいるかもしれない。だが、私はそんなことをする自分が想像できない。私のひざに頭を預けて見上げてくるベンジーの信頼しきったまなざしを受け止めながら、獣医に最期の注射を打つよう合図する。こんなこと、私にどうしてできるだろうか。こうした場面でどうか代わってほしいと頼んでくる親類がいるものだが、私もそんなひとりなのだ。ベンジーは安楽死に納得してくれるような犬ではないと思う。だから決断を下すのは私だ。でも、もしも彼が言葉を話せたらなんと言うだろう。「わかってるよ。もう時間だね」と言うだろうか。いや、あと1日か1週間だけ待ってとお願いしてくるかもしれない。私が願うように、彼もある朝目覚めないまま旅立ちたいと思っているのかもしれない。私は、気軽に犬や猫を眠らせようとする一部の人たちを見ると、少し残念な気持ちになる。「一部の人たち」としたのは、大半の人にとって、これが人生で最も苦しい決断のひとつだと理解しているからだ。安楽死をさせるにしても、させないにしても、動物たちの望みに寄り添って判断できているのかはわからない。せめて彼らと話し合えたらいいのにと思う。答えを持っているのに、それを伝えられない動物たち……(うちの子なら必ずそのときを教えてくれると話す人たちもいるが)。私にとって悩ましいのは、正しいときに正しく決断できたのか、それがけっしてわからないことだ。これは誰かに助けてもらえるような悩みではなく、動物を家に迎え入れた瞬間から、私たちが背負った重荷のようなものだ。あなたの動物をよく知る人に相談してみてもいいとは思う。だが、最終的な決断はあなたひとりで下さなければならない。あなたの動物の体の痛みが激しくなり、症状が改善されず、万策が尽きたら、いよいよ心を痛めながらも獣医を訪れるときだ。だが、その判断があまりに早すぎたら……私の頭にはそんな心配がよく浮かんできてしまうのだ。なぜ私が安楽死をためらうのか（もちろん例外もある。あなたの動物の肉体的な苦痛が限界を超えたときだ。ただ、それを証明することは難しいし、不可能な場合もある）。その理由のひとつに、母を亡くしたときの経験がある。

私の母は重度の認知症を患っていた。その母が97歳で迎えた最期は、まさに私がベンジーに望むかたちだった。母はあるとき目を閉じると、そのまま永遠の眠りについたのだ。亡くなる数年前、認知症の激しい症状が出ていたので、私は母に死んで楽になりたいかと尋ねてしまった。すると彼女は憤慨しながら、「まさか、とんでもない！」とはねのけたのだった。実際のところ、母の生活の質はひどく損なわれていた。だが、彼女がそう自覚していたかというと、私にはわからない。母はほぼいつも上機嫌で、よく冗談を言って笑っていたし、満面の笑みを浮かべていた。私とは裏腹に、母は苦しんでなどいなかったのだ。彼女がほとんど歩けず、食べられなくても、私が彼女の心のなかに入って、生活の質を判断することはできないのだ。もしも彼女の命を終わらせるよう医者から勧められたとしても、私はけっして許可しなかっただろう。ただ、もしも彼女が耐えられない痛みに苦しんでいると知ったら、そうはいかなかったとも思う。これは動物の場合でも同じだ。耐えられない痛みは人間であっても動物であっても、誰にも味わってほしくない。

ベンジーにも母のような最期を迎えさせてあげたい。それが私の願いだ。私の意見に賛成できない人にも、せめて犬や猫たちの最期の時間を心休まるものにしてあげてほしいと思っている。彼らがすっかり安心できる場所で過ごさせてあげるのだ。寒々とした診察室で、まして初めて会う獣医に診てもらうのはよそう。私は人間界の儀式については明るくないのだが（動物界の儀式についてはわが担当編集者に押されて1章分を加筆したが）、犬が喜ぶ儀式で満たされた最期の日のつくり方を、ここで皆さんに伝授しておきたい。まず、お気に入りのオモチャをあげよう。お気に入りの場所にいさせてあげよう。たっぷり撫でて愛していると声をかけてあげよう。ごちそうをあげよう。みんなにお別れの挨拶をしに来てもらおう。人間だけでなく、動物の仲間たちもだ。といっても、状態によっては誰かと触れ合うのが難しいかもしれない――そのときは、いつもの家族だけで見守ってあげよう。だが、どんなに素敵な一瞬一瞬をつくることができたとしても、あなたが恐れている瞬間はやって来る。どうやって乗り越えたらいいのか、それは私には教えられない。私にもわからないからだ。せめてもの救いとなるのは――きっとなるはずなのは――あなたの犬や猫が苦痛を感じずに旅立つということだ。それでも、私は最期の瞬間、自分を見つめるベンジーのまなざしを受け止めるのが怖い。彼はいまがそのときだと理解して、私から目をそらしてしまうかもしれない。いや、きっと彼はそんなことは考えない。それよりも、ただ眠りにつくだけだと思うのだろう。目が覚めたらまた私のベッドにいて、そばには私もいる。いつものように私の顔をなめて、また一緒に暮らすだけ……。私もそんなふうに思えたらいいのにと思う。

5
The Time of Death

友人のジーン・フランシスは、2匹の猫を亡くした経験について、次の文章を寄せてくれた。私がとりわけ驚いたのは、彼女が見た夢の話だ。

私がキティを引き取ったのは、友人の友人が癌で亡くなったことがきっかけでした。キティは15歳くらいのころ、肝臓を患いました。1週間ほど入院して集中的に治療を受けたのですが、病院からはキティの症状が好転しないことを告げられました。私は諦めたくなかったので、自宅で治療を続けられるよう病院で教えてもらい、特殊な溶液を皮下注射する方法も覚えました。退院した日の夜はお互いにとって辛いものとなりました。キティは私のベッドで寝るのには慣れていたのですが、起き上がろうとしてもできませんでした。私が彼を引き上げて起こしてあげればいいと思ったのですが、自分で寝起きができないと、トイレなどに行くにも困るだろうと心配になりました。そこでキッチンに彼のベッドを用意しました。そこなら近くに食事の場所もあり、トイレまでたくさん歩かないですむからです。彼が歩いて去っていくとき、のどのあたりで鳴る音が聞こえました。いま思えば、あれは死の間際に見られる死前喘鳴（しぜんぜんめい）という呼吸の音だったのだと思います。翌朝早くにキッチンに行くと、キティは眠っているようでしたが、けいれんを起こし始めてしまいました。彼はもうすぐ死んでしまう、私はそう感じました。動物病院はまだ開いていなかったので、私はどうしていいかわかりませんでした。すると、まさに私の目の前で、キティはぶるぶるっと震えながら、悲しそうに大きな鳴き声を上げると、息を引き取ったのです。私はとても無力な気持ちになりました。ただ立ったまま、何もできずに彼の命が終わるのを見ていた自分……。　私は心に誓いました。もう1匹の猫スウィーティパイにそのときが来たら、長く苦しめたりはしないと。キティの死という避けがたい現実を自分が受け入れられなかったせいで、彼を不必要に長く苦しめてしまった。私はそう感じていました。スウィーティパイはその後もふわふわの毛に包まれながら、長生きしてくれていました。ですが、19歳になると、彼女も体調を崩すようになっていったのです。体重はごっそりと落ち、甲状腺の不調、緑内障、目の慢性感染症に苦しむようになり、お漏らしも始まりました。どんな治療も効果が見られず、体重は減り続けていきます。友人の多くは彼女を楽にしてあげるべきだと考えていましたが、私はそうしたくありませんでした。スウィーティパイよりも自分の気持ちを優先すべきでないと助言してくれた友人もいました。また別の友人は、スウィーティパイはお漏らしのせいで尊厳を失いそうになっている、だから死にたいと思っているはずだ、と言うのです。でも私にはどうしてもそうは思えませんでした。途方に暮れてしまった私は、何が正しいのかを見極めるための知恵と明晰さを授かるよう祈りました。

翌日の夜、夢を見ました。不思議な、でも、何かを教えてくれているような夢でした。夢のなかで、私はスウィーティパイを連れて教会にお祈りに行くのですが、彼女を天の配剤に任せることにして、置いていってしまいます。教会を出たあとで、私はとても辛い気持ちになり、また教会へと引き返します。まだ彼女に心から永遠のお別れを告げられていない、そんな思いがあったのです。教会に着くと、スウィーティパイは最終処理のために、すでに別の場所に移されたと教えられました。私はどうか間に合ってと願いながら、急いでその場所に向かいました。不思議なことに、そこは通常の動物病院ではなく、自動車の解体所でもありました。私はどうか彼女と会わせてほしいとお願いしながら、すでに亡くなっていたらどうしようと思っていました。ですが、彼女はまだ生きていて、そこから出してもらうことができました。私は彼女を腕に抱いて、命を終わらせるのは彼女のためで、苦しんでほしくないからだと告げるつもりでした。ですが彼女の顔をのぞき込むと、私に会えた嬉しさでいっぱいなのです。私が助けに来てくれたと思ったのでしょう。こうなっては、私は用意していた言葉をのみ込むしかありません。ここで目が覚めたのですが、私は彼女の名前を大声で叫んでいました。私のベッドの足元で寝ていた彼女は、甘い鳴き声で返事をしてくれました。私はとても幸せな気持ちになり、まだそのときではない、そうはっきりと悟ったのです。

それからの2カ月間で、スウィーティパイの健康状態はさらに悪化していきました。

さらに検査を受けても、新たな獣医にセカンドオピニオンを求めてみても、残念ながら結果は芳しくありません。彼女が自然な死を迎えようとするなら苦しむことになるだろう、そう聞かされました。ですが、どの時点で彼女の死を覚悟して、獣医の予約を取ればいいのか、それが私にはわからなかったのです。新たな獣医によって、さらに別の治療を行うことになりましたが、効果がわかるまで数週間はかかるということでした。私は安楽死の仮予約を入れながら、心のなかでは、スウィーティパイが回復していつもの健診に変更できることを願っていました。

それから1週間ほど経った日のことです。私が目を覚ますと、隣で寝ていたスウィーティパイが起き上がろうとしたのですが、できませんでした。彼女にはもうその力がなかったのです。彼女の姿を見て、私は悟りました。この子はもう病気ではなく、死にゆこうとしているのだと。彼女を抱いてキッチンに行き、食べ物と水を与えると、少しだけ口にしてくれました。それからまたベッドまで、私が抱きかかえて運んであげるしかありませんでした。私は獣医に電話をして、すぐ明日の予約を入れました。翌朝、また彼女を抱いてキッチンに行き、水を入れたボウルの前に座らせたのですが、今度はもう頭を上げていることもできず、ボウルのなかに頭を預けようとしています。あと1時間ほどで獣医に連れて行ける、そう思えることが救いでした。私の不在時に彼女の世話をしてくれた友人も付き添ってくれることになりました。雨が降るなか、私は真新しいタオルにスウィーティパイをくるんで病院に向かいました。診察室に入ると、獣医は心から同情してくれて、このまま最後までずっと彼女を抱いていていいと言ってくれました。おかげで、たくさんのハグとキス、それがスウィーティパイと私たちの最後の思い出になりました。

私は新しいタオルを敷いた特製の棺にスウィーティパイをそっと入れ、一輪のバラを添えました。それから友人と一緒に帰宅すると、家のかたわらに彼女を埋葬しました。そこにはいま、たくさんのバラの木々が茂っています。

この話から伝わってくるのは、最後の決断を下す立場になることが、どれだけ私たちを惑わせ、混乱させ、悩ませるかということだ。もちろん獣医の判断はひとつの拠りどころにはなるだろう。だが、私は懸念を抱いてもいる。一部の獣医はあまりに死と身近に接しすぎていて、絶えず安楽死の処置に携わっている。そんな状況では必ずしも繊細な心ですべての事情に向き合えていないかもしれない。目の前にいる動物が深く愛されてきたこと、亡くなると深く悲しむ人がいること、そしてこれから下す最後の決断が何より重要なものだということ……。愛しい動物が死ぬのによいタイミングなどあり得ない。だが、このときよりはこのときのほうがいい、ということはあるのだ。せめてそれだけでも確実にわかったらいいのにと思う。

あなたの動物が最期を迎えるときにいちばん大切なこと。それはやはり、そばにいてあげることなのだと思う。できることなら、そうしてあげてほしい。私は心からそう信じてお伝えしているが、それなら私たちとベンジーについても説明する必要があるだろう。ベンジーはいまベルリンにいて、私たちはオーストラリアのシドニーにいる。2年前、ベンジーを連れてベルリンに引っ越したときは、ずっとそこで暮らすつもりでいた。だが、その後さまざまなことが起きて、1年後に私たちだけオーストラリアに戻ることになってしまった。もちろんベンジーも連れて帰って、みんなで一緒に暮らそうとした。だが、ベルリンの担当獣医からは、ベンジーの年齢で40時間近い移動をすれば命取りになりかねないという説明を受けた。獣医はあくまで良心から、ベンジーの国外移動の許可証を発行しなかった。しかも、たとえベンジーが無事に移動できたとしても、オーストラリアに着いたあとで、別の都市メルボルンで数週間の隔離期間を過ごさなければならない。ベンジーはそこまで持ちこたえられない、私たちはみなそう感じて、彼をベルリンに残すことに決めた。先にもお伝えしたように、ベンジーのそばにいるのは見知らぬ誰かではなく、むしろその逆で、彼の親友だ。生まれたときからずっと一緒だった私たちの息子イランがいまもそばにいる。ベンジーがかつてのようではなくなっても、彼らにとっては一緒にいられることが幸せなのだ。レイラと私は近々ベルリンを訪れて、ベンジーに最後のお別れをするつもりでいる。想像するだけで心が重くなってくる。愛する動物に別れを告げるのは、誰にとってもたやすいことではない。いまこの本を書きながら、そんな思いをますます強くしている。

6

Grieving the Wild Friend

野生の友を悼む

悲しみという代償なしに
愛することはできない。
――コリン・マレイ・パークス

ここからは、家畜化されていない動物の死についても考えてみたい。何千世代にもわたり伴侶動物として人間と暮らしてきた犬や猫や鳥の死と、野生動物の死を比べた場合、そこにはどんな違いがあるのだろうか。

まず基本的な疑問は、私たちは実際に野生動物と仲よくなれるのか、というものだ。ついこの間まで、その可能性については懐疑的な見方が広がっていた。だが、インターネットの普及により、これまであまり公にされてこなかった世界中の事例が共有されるようになると、家畜化をけっして受け入れない完全に野生の動物を相手に、どうにかして絆のようなものを築いている人々がいることもわかってきた。ただし、ここで忘れてならないのは、そんな動物たちも元来野生の種ではあるが、なんらかの事情から人間と長く、あるいは密接に関係を持ってきたということだ。

七面鳥への愛情

野生生物保護区は、本章で伝えたい哲学的な観点をわかりやすく示す事例の宝庫といえる。なんといっても保護区には野生の世界に生きている、あるいは生きてきた動物たちがたくさん暮らしているのだ。純粋な野生動物もいれば、家畜化されかけていた動物もいる。保護区では、非常に珍しい現象が見られる。私もこれまで訪れた素晴らしい保護区でもれなく何度も観察してきたのだが、動物たちが「ここは安全な場所だ」と理解していくのだ。ここでは虐待されたりしない（殺処分されないことも知っているのだろうか）、ここの人たちは友達なのだと感じ取っているのだろう。私にとってとりわけ思い入れのある保護区はアニマル・プレイスだ。北カリフォルニアのシエラ・ネバダ山脈ふもとの小丘に広がるこの保護区は、不屈の意志の持ち主キム・スターラによって設立された。最後にアニマル・プレイスを訪れた際に、私がとりわけ心を打たれたのは、七面鳥たちの姿だった。七面鳥とはこんなにも愛情豊かになれるのか、ここの人たちはなぜ七面鳥にこれほど深い愛情を注げるのか、私はとにかく不思議でしかたがなかった。キムが寄せてくれた文章を紹介しよう。

七面鳥の世界ではたいてい、メスよりも魅力的な外見を持つオスのほうが、見た目を誇示するものです。ですが、トレーシーはこれまで私が見てきたなかで最も美しいメスでした。真っ白な毛に覆われ、尻尾の羽はびっくりするくらい長く、園内を歩く姿はまるで湖面を滑る美しい白鳥のようでした。私は青春時代を思い出し、当時の派手目な女の子たちとトレーシーを重ね合わせ、彼女も遊び人タイプだなと思っていました。彼女はこれといった理由もなく、もう1羽の七面鳥エリーの頭をよく突いていました。美貌を頂点とする序列では自分が上位なのだと、教えているつもりだったのでしょう。

エリーは際立った特徴のない見た目をしていました。体は小さく、もともと短かった尻尾の羽もトレーシーに突かれたりもがれたりしたせいなのか、余計に縮んでしまっていました。ですが、彼女はこれまで見てきた七面鳥のなかで最も心優しい性格をしていました。それがどれほど大きな意味を持つのかは、保護区に足を運んで、愛情を込めて世話をされる七面鳥たちが愛情を返す様子を見れば理解できるでしょう。まず、エリーがエサを食べているときに撫でてはいけません。彼女は愛撫されたいがあまりに、食べ物などどうでもよくなってしまい、結局、大きな体のトレーシーが2羽分を平らげることになるからです。また、夕方に七面鳥たちを就寝用ケージに入れていると、エリーが芝生にどっしりと座り込んで、動かない丸石のようになってしまうことがしょっちゅうありました。しばらく撫でたりくすぐったりしてあげないと、ケージに入ってくれないのです。エリーが喜ぶのは羽の下のところ、ちょうど犬が掻いてほしがる腰のあたりにある「気持ちいいスポット」と同じ場所です。

　私は何年も同じ悪夢を繰り返し見てきました。これは動物擁護者がよく見る夢だそうです。夢のなかで、私は外出先で用事をしていて、自分の犬たちのことを忘れていたことに気がつきます。食べ物も水も与えず、どこかに閉じ込めたまま、丸一日放置してしまった……自分の飼育放棄（ネグレクト）のせいで犬たちが死んでしまったらどうしよう……。私はそんな不安に苦しんでいるのでした。数カ月前、七面鳥たちを相手にこの悪夢を現実にしてしまう気がして、私は心から不安になっていました。当時私は新居に引っ越したばかりでした。それまでのように自宅の窓のすぐ前に七面鳥の小屋があるわけではないので、小屋の外に出たいとか、朝ご飯や夜ご飯がほしい、と要求してくる七面鳥たちの姿を自宅から見ることはなくなりました。そのころは仕事量が増えすぎているとも感じていました。朝早く、コヨーテ対策の就寝用ケージから七面鳥たちを出してあげる時間までと思いながら、デスクで仕事をしていると、つい何時間も彼らの存在を忘れてしまうこともありました。

ある忙しい朝、午前11時まで七面鳥たちのことをすっかり忘れていて、アラームをかけておけばよかったと反省しました。そこで、コヨーテの徘徊が終わる朝8時に「起こしに行くアラーム」、午後4時30分に「夜ご飯をあげに行くアラーム」をセットすることにしました。犬たちは自らベッドタイムのアラームを鳴らしてくれました。夕暮れどきになると、海岸沿いの切り立った崖を散歩しようと熱心に誘ってくるのです。散歩帰りには、犬たちと一緒にいつも七面鳥の囲いに立ち寄って、トレーシーとエリーにもベッドに入ってもらうことにしていました。

その朝、私は前の晩の記憶をつなぎあわせていました。たしか夕暮れどきになっても執筆に忙しかった……それで、犬の散歩を同居人に任せた……。そう、書いていたのは、米紙『ロサンゼルス・タイムズ』に寄稿する記事で、フレンチ・ブルドッグがユナイテッド航空機内の頭上荷物棚に押し込められて命を落とした事件についてでした。

日がとっぷり暮れたころ、今日のところは終わりにしようと思って、夕飯をさっとすませると、ソファに沈んで夜のネットフリックス時間を楽しんでから、ベッドに入りました。そのあとでした。最も恐ろしい悪夢が現実になったのは。

「見ないほうがいい」その朝クライブは言いました。きっぱりとした口調でしたが、気遣ってくれていることがわかりました。ですが、私は愛する動物の亡骸から目を背けるような人間ではありません。七面鳥園に行くと、羽がまき散らされ、丸ごとの卵の黄身、長く伸びた腸管、そして肝臓と思われる内臓が散乱していました。

隅のほうに2つの死体がありました。1つは死体というよりも抜け殻のようでした。トレーシーは喰いつくされて、ひとかけらの肉も残っていませんでした。ですが、体重18キロほどのコヨーテが約11キロのトレーシーを平らげたのだから、さすがに胃がもたなかったのでしょう。エリーの肉にはほとんど手がつけられていませんでした。頭は食べられていましたが、即死だったのかもしれないと思えてほっとしました。エリーの頭が見つからなくて、かえってよかったくらいです。私は彼女の小さなくちばしにキスをして、温かい息が唇に伝わってくる感覚が大好きでした。そのくちばしがもう息をしていないところなんて、見るに堪えなかったと思います。

仕事が立て込んでいない朝には、私は園内に腰を下ろしてトレーシーとエリーを抱きながらコーヒーを飲んだり、瞑想をしたりしていました。ですがその日は、彼女たちの残骸と一緒に座っていました。日が昇るにつれて、彼女たちはスーパーの肉売り場のような臭いを放ち始めました。

スージー・コストンに電話をしてみたらどうか……私の直感がそう言っていました。スージーはファーム・サンクチュアリという保護区の運営者で、七面鳥を愛しています。そんな彼女なら、私の心の痛みをわかってくれるはず……長年にわたり何千もの動物をケアしてきた彼女なら、動物を死なせてしまった人の気持ちが理解できるに違いない……そう思えたのです。スージーは電話の向こうで私をなだめるように、不幸な出来事は避けられないものだし、特に昨日の私のようにストレスに滅入ってルーティンを崩すと事故が起きがちだと話してくれました。

トレーシーもエリーも長くは苦しまなかったと思う、というスージーの言葉に私の心はいくらか楽になりました。人間とは違って、コヨーテはたいていの場合、時間をかけて動物を殺したりはしません。トレーシーとエリーは食肉用に飼育されていたところを保護されました。彼女たちの仲間はトラックで食肉処理場まで運ばれていったのでしょう。足かせをはめられ、逆さにつるされ、ベルトコンベアーにのせられて……私はそんな光景を思い浮かべていました。

スージーはまた、この出来事を公表しようと気負わなくてもいい、「世間には話が通じない人もいるから」と助言してくれました。たしかにそうかもしれません。たとえば、母親が風呂に赤ん坊を残したまま電話に出てしまい、はっとわが子を思い出すことがあります。ここまでならよくある話でしょう。ですが、気づいたときには時間が経ち過ぎていて、人生最悪の日になってしまうケースもあります。そんなとき、警察は深い同情を見せるのではなく、事故を起こしてしまった母親の過失を責めるのです。

世間の人たちがどう思うのかは想像できます。私もそのひとりだからです。七面鳥たちが死んだ夜、私は記事を執筆しながら2人の人物に裁定を下そうとしていました。譲らないユナイテッド航空便の客室乗務員と、指示に従って自分の犬を荷物棚に入れてしまった女性。ですが、いまの私ならわかります。頼ってくれていた生き物を完全に裏切ってしまったとき、どれほど辛い思いを味わうのか。もしも私が世間から冷酷に裁定を下されたら、愚かな行為で悲劇を招いて同じ目にあっている人に同情できるようになるかもしれません。

七面鳥の死を悲劇だと思わない人もいます。七面鳥といえばランチで食べるものだからです。ですが、いまやこれを読んでいる人の多くは、私の悲しみを理解してくれているのではないでしょうか。世間の人々は、ペットと食用動物の線引きなどあってないようなものだと気づき始めています。国や地域によって食肉文化が異なるのはそのためでしょう。悲しみの感情に線引きをすることはできません。キャリーケースのなかのフレンチ・ブルドッグであれ、園内で体を切り裂かれた愛する七面鳥たちであれ、私たちが味わう罪の意識と悲嘆の感情は同じなのです。

都市になじまず、人には懐いたライオン

この七面鳥たちが野生動物だったのか、家畜動物だったのか、また、その違いがキムの悲しみの感情に影響を及ぼすのかはわからない。だが、なかには野性をまったく失わず、人間のいる環境で飼育することができない動物もいる。ライオンのクリスチャンもそんな動物だった。クリスチャンは動物園で生まれ、1969年にロンドンのハロッズ・デパートで、オーストラリア人のジョン・レンダルとアンソニー・〝エース〟・バークによって購入された。初めの年はクリスチャンも2人も一緒にいられることが楽しくてしかたがなかった。だが、クリスチャンが1歳になると、ロンドンという大都市で、すっかり大きく成長したライオンが暮らすのは難しいことがわかってきた。そんな彼らの元に、ライオンと人間の交流を描いた映画『野生のエルザ』で主演を務めたビル・トラヴァーズとヴァージニア・マッケナがやって来て、ジョージ・アダムソンに助けを求めるよう提案した。アダムソンはケニア在住の野生保護活動家で、妻ジョイとともにメスライオンのエルザを育て、大地に放した経験を持つ人物だ。彼はケニアのコラ国立公園内のライオン保護区でクリスチャンを野生に復帰させることを約束した。クリスチャンが野生に返った1年後、エースとジョンはアフリカ行きを決意する。とにかくクリスチャンに会いたいという一心で、

6

Grieving the Wild Friend

無茶を承知で決めたのだろう。クリスチャンは覚えていてくれるだろうか、それとも襲ってくるだろうか、いまは群れの長になっているというから、近づいたら危険かもしれない……。そんな思いを胸に2人はクリスチャンの姿を求めて、荒野に足を踏み入れた。すると、クリスチャンが現れた。この再会の様子を収めた動画はYouTubeで公開されており、再生回数は6000万回を超えている。[*1] 私はエース・バークとは親しい間柄なので、このたった一度の再会が永遠に彼の心に刻まれた理由を教えてもらうことができた。動画の冒頭では、クリスチャンは群れと一緒にいる。だが、エースとジョンを見つけると、まるで油断した鳥を捕えようとする猫のようにゆっくりと近づき、それから一気に2人の元へと駆け出した。「あのときは胸が飛び出しそうだった」エースはそう振り返る。人生最高の再会になるのか、かつては友達だった大きな成獣のライオンに切り裂かれて死ぬのか、2つにひとつだと思ったそうだ。だが、クリスチャンは飛び上って後ろ脚で立ち、ずっと行方不明だった兄弟に再会したかのように、エースとジョンに抱きついてきたのだった。2人の顔を代わる代わるあちこちなめ回し、旧友たちにもう一度会えた喜びに夢中になっている。すると驚いたことに、彼の仲間までもが歩み寄ってきて、まるで家猫みたいに2人の脚に体をこすりつけてきた。エースとジョンは手を伸ばして、クリスチャンを撫でた。

彼らはこのとき初めて、完全に野生動物となったクリスチャンに出会ったのだ。そしてクリスチャンからすれば、野生動物として初めて彼らと触れ合った瞬間でもある。アダムソンは少し離れたところで見守っていた。「よそ者」の自分が受け入れてもらえるのか、わからなかったからだ。だが心配は無用で、友達の友達なら大歓迎という結果だった。この動画は見る人の心を奪わずにはいられないだろう。ライオンのような野生の大型猫科動物が、異種である人間への愛着を失わず、再会を喜んでくれる。これは私たちの想定を超えた出来事だ。クリスチャンとエースとジョン、彼らの姿は私たちに教えてくれているのかもしれない。すべての人間がほかの動物を食糧や敵として見るのではなく、友人として接すれば、野生動物たちの世界にも変化が起こり得ることを。

命の恩人と生きたクロコダイル

野生動物とさらに踏み込んだ関係を築いている人たちもいる。彼らの命を救い、お返しに感謝の気持ちとしか表現しようのないものを受け取っている人たちだ。人間との触れ合いを続ける動物もいれば、命の恩人と一緒に生きようと決意する動物までいる。

そんな事例のひとつ、クロコダイル［大型のワニ］のポチョとその命の恩人チトの関係についてお伝えしよう。チトは中米コスタリカのシキレス市に暮らす貧しい漁師だ。１９８９年にチトはレベンタゾン川岸に横たわる1匹のクロコダイルを見つけた。左目を銃で打たれ、弾が頭を貫通している。ひとりぼっちで動く力もないようだ。大きなクロコダイルではあるが、せいぜい体重は70キロ弱くらいだろうか。ゆっくりと死んでいこうとしている。チトはこの哀れな動物を残して立ち去る気にはなれず、小船にのせて家に連れ帰った。それから半年間、彼は苦しむポチョの隣で眠り、食べ物を与えた。ポチョはゆっくりと体力を回復していった。チトはのちにこう語っている。「食べ物だけでは不十分でした。ポチョが生きる意志を取り戻すには、私の愛が必要だったのです」。彼は呆れかえった当時の妻から、自分かポチョのどちらかを選んでほしいと告げられてしまうが、ポチョを選んだ。3年にわたる懸命な看病のおかげで、ポチョの傷は癒え、体重も約450キロ（体長は5メートル弱）まで戻った。もう野生に返っても十分に生きていけるはずだ。チトは気が進まないながらも近くの川にポチョを連れて行き、最後の別れを告げて彼を放った。チトは家に帰って眠りについた。だが翌朝目を覚ますと、ポチョがいた。ベランダですやすやと眠っているのだった。そのときから、チトとポチョは一心同体になった。彼らはよく一緒に泳いでいた。チトが池に飛び込むと、ポチョは口を開き、歯をむき出しにしながら泳いで来るのだが、チトだとわかるとあごを閉じていつものようにキスを待つのだった。それから20年にわたって、彼らはともに暮らし、泳いだり、「出し物」［ポチョがチトの頭を口に入れるなど、2人のじゃれ合いをショーにしていた］を披露したりして、観光客を楽しませた。2011年にポチョが病気で息を引き取ると、彼のために国葬が営まれた。[*2]

彼らの関係は非常に驚くべき事例といえるだろう。それまで、クロコダイルと人間の友情が観察されたことはなかったし、友情が成立することなどあり得ないと思われてきた。クロコダイルは人間を食べる数少ない動物のひとつでもあるのだ。南アフリカの映画制作者ロジャー・ホロックスは、ポチョとチトに取材した素晴らしいドキュメンタリー『*The Man Who Swims with Crocodiles*（クロコダイルと泳ぐ男）』を制作している。彼自身は次のような体験をしたという。南アフリカで洞窟に潜るペアダイビングをしていたとき、彼とペア相手は洞窟のなかで、大きなクロコダイルと顔を突き合わせるような恰好になってしまった。だがクロコダイルのほうは出会いを楽しんでいるようで、まるで微笑むかのような表情で撮影に付き合ってくれたのだ。以来、ホロックスは野生のクロコダイルを「飼い慣らす」ことは可能なのかという疑問を抱くようになり、それがきっかけでポチョとチトの存在を知り、コスタリカで彼らの様子を映像に刻むことになった。そのドキュメンタリーからは、彼自身が撮影中に感じた衝撃や驚きがありありと伝わってくる。チトは夜になると家を出て、満月の光を浴びながら、池のなかにすっと入ってポチョを呼び出そうとするのだが、ホロックスはその光景にぞっとしてしまう。クロコダイルは狩りをする夜間に最も攻撃的になるからだ。自然界随一の捕食者クロコダイルと、無力な獲物ともいえる丸腰の人間。両者を隔てる壁を越えることなど、まずあり得ないことだ。だがこのドキュメンタリーは、それが現実に起きていること、そして人間とクロコダイルが親密な関係を築いていること

――理論的には不可能なのだが――を証明している。そう、人間はクロコダイルに好意を寄せることができて、それを愛だと思い込んでしまうのかもしれない。だが、巨大な爬虫類の頂点捕食者が愛を返してくれると信じ込むのは、さすがに難しいのではないだろうか。この稀有なドキュメンタリーの終盤でホロックスは自らも池に入り、ポチョの反応を確かめてみるのだが、残念な結果に終わっている。ポチョは巨大なクロコダイルの顔に戻り、荒々しい動きを見せてくるのだ。その様子からは、ポチョとチトとの絆にはほかの人間が入る余地がないことが明確に伝わってくる。ポチョが息を引き取ったとき、チトの悲しみは慰めようがないほどだったというが、無理もないだろう。彼はポチョと真に愛し合っていると感じていたのだから。チトとポチョの関係はまさに唯一無二のものだった。だが、はたしてその愛は親交から生まれたものだったのだろうか、それともなにか特別な事情から生まれたものだったのだろうか。ホロックスは仮説として、死の淵でチトに救われたポチョのなかで、攻撃行動を司る脳領域に変化が起こったのではないかと分析している。

　さらにホロックスはこうも指摘している――私も耳にしたことがある話だ。野生の捕食動物との友情を信じていた人の多くが、彼らから襲われ、ときには殺されかけるという手荒なやり方で、その友情が思い込みだったことに気づかされることになる、と。たとえ相手が長年をともに過ごした動物であってもだ。そこで考えてみてほしいのだが、あなたは人間に敵意がなさそうなサメだからといって、一緒に泳ぐ気になれるだろうか。私にはとても無理だ。

帰宅を迎えるフグ

残念ながら多くの人は「魚とはどんな関係性も築けない、まして親密になるなんてとんでもない」と考えている。私は『ゾウがすすり泣くとき』の執筆のために調査をするなかで、カリフォルニア大学バークレー校生物学部の非常に著名な教授に会って話を聞いたことがある。魚類が専門の彼は、ありとあらゆる種類の魚について造詣が深かった。小さな水槽を並べてたくさんの魚を育てていた彼に、そんな狭いところでは魚が退屈してしまわないかと私は尋ねた。すると彼は腹を立てて、狭いだの退屈だのと魚が感じるとでもいうのか、いや、そもそも魚が自分の環境について何かを感じるわけがない、と一蹴したのだった。これは数年前の出来事だが、あのご立派な教授の心境が変化してくれていることを願っている。特に世間に影響を与えたジョナサン・バルコムの素晴らしい著書『魚たちの愛すべき知的生活』を読んで、考えを改めてもらえていたらと思う。この本は、魚の知的能力、社会的能力、情緒的能力の驚くべき多様性と複雑性が鳥や哺乳類に匹敵することを、教えてくれる。[*3]

バルコムはこの著書のなかで、タリ・オヴェイディアという女性が経験した驚くべきエピソードを紹介している。私は彼女に連絡を取り、さらに詳しい話を教えてもらった。彼女が寄せてくれた文章を紹介しよう。

3年前、ペットショップにフグを買いに行きました。すでに家の水槽ではほかの魚たちの世界ができていたので、フグ専用の環境が必要だと感じ、45リットルの水槽も一緒に購入しました。私が初めて迎えたフグは、とても小さなファハカという種で、絵本に出てきそうなくらいお茶目な見た目をしていました。私が彼に心惹かれたのは、その漫画のような顔と、虹色がかった彼の瞳をじっと見つめる私を受け止めてくれたところでした。私はすっかり虜になってしまい、マンゴーと名づけた彼との関係が始まりました。

何年にもわたり、私はこの魅惑的な小さな魚と、思いもしなかったような絆を育んでいきました。マンゴーの食事の時間に合わせてパーティを早めに切り上げ、町を出るときには近所の人に「彼と一緒にいてあげて」と頼むようになりました。いつも彼のことを考えていて、それはもう、ここに書くのがはばかられるくらいです。要するに、私はマンゴーのことを、これまで愛してきた人たちと同じように愛していたのです。

私は家に帰ることが楽しみになりました。ドアを開けるなり、マンゴーがいつも一心不乱に水槽の正面まで泳いできて、体を振り振りしながら出迎えてくれるからです。私たちは毎日長いこと互いを見つめ合って過ごしました。そう、会話をしていたのです。マンゴーはいつも「うんうん、わかるよ」と相づちを打ってくれましたし、これは本当なのですが、「君は最高だね」と言って、微笑んでくれることもありました。

そうして11年が経ちましたが、マンゴーと私はごく当たり前の毎日を送っていました。とても熱心に彼の世話をしていた私は、彼のいない人生など考えたこともありませんでした。ですが、その日はやって来ました。私が帰宅しても、マンゴーがこちらに泳いできてくれないのです。こんなことは初めてでした。私はマンゴーの命が終わろうとしていることを悟り、獣医を呼び、彼のためにしてあげられることはないかと相談しました。マンゴーは平均寿命よりも生きたし、癌を患っているのだろう、そう獣医から告げられ、胸が張り裂ける思いでした。それからの10日間、もがき苦しみながら弱っていくマンゴーを私は見守り続けました。そしてとうとう彼は逝ってしまいました。私はあふれる涙を止めず、泣きたいだけ泣いてから、裏庭のお墓にマンゴーと、彼をいつも見守ってくれた翡翠の仏像を一緒に埋めました。

私はいまでも、この小さな魚が教えてくれた、心と心のつながりや深遠な世界に対して、畏敬の思いを持っています。そして、いつもマンゴーのことが恋しくてしかたありません。

6

Grieving the Wild Friend

クロコダイルとウォンバット

私たちに、タリ本人の気持ちをとやかくいう権利などないと私は思っている。ここで語られた魚の性質について、首を傾げたくなる人もいるかもしれないが、私自身はそうは感じていない。だが、人に飼育されている動物に生じる感情が、完全な野生動物――どれだけ穏やかな気質をしていても――にもまったく同じように生じるわけではない、という意見には私も賛成だ。だからこそ、私は故ヴァル・プラムウッドの話を知ったとき、心を奪われてしまったのだと思う。プラムウッドは2008年に没したオーストラリア出身のエコフェミニスト〔エコロジーの観点でとらえたフェミニズムの提唱者〕で環境哲学者だ。彼女の名前から人々が思い出す事件がある。彼女を世界的な有名人にした事件でもあるのだが、本人はけっして起きてほしくなかったと思っていることだろう。これについては私の前著『*Beasts: What Animals Can Teach Us About the Origins of Good and Evil*（獣たち――動物が教えてくれる善と悪）』でも取り上げているが、ここでは短く概要だけお伝えしておきたい。

プラムウッドは、オーストラリアのダーウィン市近郊にある壮大なカカドゥ国立公園（彼女の事件から数カ月後に、映画『クロコダイル・ダンディー』が撮影された）を訪れていた。彼女はイースト・アリゲーター・リバー沿いのレンジャー拠点にキャンプを張り、4メートルのガラス繊維製のカヌーをレンジャーから借りて、イースト・アリゲーター・リバーの探索に出かけた（川の名前にワニを意味するalligator（アリゲーター）という単語が入っているというだけで危険は察知できたはずだ。彼女はアリゲーター・ラグーンと呼んでいたようだが）。

土砂降りの雨が降っていました。泥混じりの川面から顔を出している岩があったので、そこにカヌーを寄せて、びしょ濡れになりながら慌ただしくランチを取っていました。そのときから、何かに見られている、という未知の感覚がありました。それから川を下り始めて5分、いえ、10分も経たないうちに、カーブを曲がったとき、少し先のほうで、川の真ん中に棒のようなものが浮いているのが視界に入ってきました――川を上ったときに見えた記憶はありません。流れに押されて棒に近づくと、その棒のようなものには、両目が付いていたのです。

プラムウッドは川岸から突き出た枝をつかんで、体を引き上げようとした。だが、クロコダイルが両脚の間からぐいとつかんできて、彼女を川のなかへと引きずり込んでしまった。「渦の中心で私を振りまわし、真っ暗な水中で激しく揺さぶる何者かが、いまにも手足を引きちぎろうとしていました。水がどんどん入ってきて、肺が破裂しそうでした」彼女はそう振り返っている。

クロコダイルはいったん彼女を放したが、すぐに再びつかみかかり、「獲物を殺める3つのプロセス」［クロコダイルは獲物をつかむ、水に引きずり込む、溺れさせる、という3段階で殺すと言われる］を進めようとしていた。だが、彼女は急勾配のぬかるんだ土手をどうにか登り切って、その手を免れると、重傷を負いながらも——左脚の骨が見えていた——レンジャー拠点を目指して3キロもの距離を這うように進んだのだった。彼女はダーウィン市内の病院の集中治療室で1カ月間にわたり治療を受けたのち、広範にわたる皮膚の移植手術を受けた。のちにプラムウッドはこの出来事を振り返っているが、その言葉からは冷静で深い洞察がうかがえる。

私自身の体験が、私の言葉を離れて独り歩きし、大きく報じられたせいでしょう。世間では私のことを単に、クロコダイルのエサになりかけた生き物、として見る向きもあり、その冷淡さにショックを受けています。あのとき私は、自分に起きていることがとても信じられず、生死の際にいながら「こんな目にあってたまるものか。私は人間なんだ。ただの食べ物なんかじゃない！」と心のなかで叫んでいました。複雑な人間であったはずの自分が、単なる肉片になり下がろうとしている、それは衝撃的な感覚でした。この出来事についてじっくりと振り返るなかで、私はこう考えるようになりました。自分はただの食べ物ではないという思い、それは人間だけでなく、どんな動物でも抱いて然るべきものなのだと。私たち人間はたしかに食べ物ではあります。

ですが、ただ食べられるだけの存在ではまったくありません。

彼女を襲ったクロコダイルを捕殺しようとレンジャーが申し出ても、プラムウッドは首を縦に振らなかった。クロコダイルは本能に従っていた、悪意はなく、飢えていただけ。それが彼女の言い分だった。いやはや、もっともではないか。

実はこの恐ろしくも教訓に富んだエピソードは、ある完全な野生動物と彼女の驚くべき友情を紹介するための序章に過ぎない。その野生動物とは、オーストラリアでのみ自然生息が確認されている、ウォンバットだ。

ウォンバットはオーストラリア原産の有袋動物で、ビーバーとアナグマの雑種のような見た目をしている。オーストラリアを訪れる観光客は、ウォンバットを巨大なラットと勘違いする。だが、彼らのいったいどこがラットに似ているのか、教えてほしいくらいだ。ウォンバットは体長1・2メートル、体重45キロにも達することがある。しかも、その大きな体格のおかげで天敵はほとんどいない。逃げ足も速く、ウサイン・ボルトを超える時速40キロのスピードを出すことができる。彼らは人間をほとんど恐れないようで、私たちがオーストラリアの田舎道を車で走っていた際も、道路脇でゆったりと座る彼らの姿が目に入ってきた。ウォンバットは豆粒ほどの大きさで生まれ、生後1年間はずっと母親の袋のなかにいて、2年目になると巣穴で母親にぴったりくっついて過ごす。代謝がとても遅いので、主食のカンガルー草を消化するのに14日を要するほどだ。オーストラリアの人たちは、ウォンバットをやや鈍い動物だと思っているが、彼らの大脳半球は有袋動物のなかでは最も大きい。捕獲されると適応しやすい傾向にあり、すぐに慣れて、名前を呼ぶと反応してやって来るようになる。だが、ちょっと待ってほしい。そもそもなぜ野生動物を自分の奴隷にしたい（捕獲したい）などと思うのだろうか。私はそんな考えは間違っていると常々感じている。ではここで、プラムウッドが「彼女の」ウォンバットについて何を語っているのか、見ていくことにしよう。

ビルビという名の私のウォンバットは、病気になってすぐに息を引き取りました。たしか1999年8月18日の水曜日ごろだったと記憶しています。ビルビをとても恋しく思うせいでしょうか、私は目の端であの愛しい面影（あるいは幽霊でしょうか）をとらえるようになりました。ビルビのような影がひらりと食器棚の角を曲がったり、ベランダをよぎったりするのです。彼が亡くなってだいぶ経っても、月夜に照らされた草原で、いまだに彼の姿を捜してしまいます。ビルビはとても長いこと――12年以上――私の人生の一部でした。そのため、もう彼が待っていてくれることも、挨拶をしてくれることもない、彼は遠い世界に旅立ってしまった、そう自分に言い聞かせても、なかなか認めることができませんでした。

私はビルビを野生動物救助隊から引き取りました。彼は親を亡くし、栄養失調の状態で、とても弱っていました。おそらく母親は疥癬(かいせん)［寄生ダニが原因の皮膚病］で亡くなったのでしょう。ヨーロッパから飼い犬を通じて持ち込まれたこの病気のせいで、多くのウォンバットが激痛に苦しみながら早死にしています。当時の私は息子を亡くして日が浅かったこともあり、ビルビとの絆はとても強いものとなりました。ビルビ（この名前には「ドラム」という意味があるようです。名づけ親は最初に彼の世話をしてくれた救助隊員です）は私と一緒に暮らし始めたとき、生後1年ほどで、被毛こそ生えそろっていましたが、まだ乳飲み子でした。母親の死によってとても傷ついていた彼は、守ってくれる誰かを必死で求めていました。

ビルビは母親から、とても質の高い「ウォンバット教育」を受けていたようです。母親は彼に、巣穴（あるいは巣穴代わりの私の家）の外で排泄することや、やぶのなかで生き延びるための基本を教え込んでいました。ビルビはわが家にやって来たその日には、ガラス引戸の開け方を覚え、いつでも好きなときに外のやぶに行けるようになりました（よくお出かけしていたものです）。彼は自分の世界と、私の世界を自由に行き来することができたので、私との生活のなかでも、ちょうどよいバランスを自らの意志で選んでくれました。つまり、ウォンバットらしさをまったく失わずに、私の世界に入ってきてくれたのです。ビルビは見知らぬ人間に対しては、どんな人物かわかるまでは警戒を解かず、家のなかが騒がしいときや落ち着かないときには、外に出かけていきました。

　ビルビは近くの森の巣穴で暮らすようになると、毎晩のように私の家を訪れて、たいてい1時間ほど滞在していきました。彼は私に個人的な精神的かつ物質的支援を求めていたのだと思います（私は彼のたっての要請で、彼の牧草地にニンジンと押しオーツ麦を補充していました。いずれもウォンバットが木の根や種の代わりとして摂取できる食材です）。ビルビは巣穴生活1年目のうちは、夜には外での時間と、私と一緒にベッドに入る時間の両方を持つようにしていました。

　ビルビの気持ちが理解できるとき、私はいつも神秘を感じていました。互いを隔てる大きな違いを乗り越えているという感覚、それが魔法となって、私たちをつないでくれていたのです。こうした感覚は、母と子の絆の中心にあるものだと思います。それは人間でもウォンバットでも同じでしょう。

　ビルビはほかのウォンバットと同じように――そして犬とは異なり――屈さず、断固とした心を持つ動物なので、人間の意のままにはなりません。ビルビは人間が優越感を抱こうが、世界の所有者ぶっていようが一向に介せず、彼の世界のなかでの独立した自己意識と、利益と権利の平等意識を非常に重んじていました。その頑固さと平等意識は、農場主との激しい対立の原因にもなったのですが、私は尊く感じていました。こうした性質こそ、彼が真に「ほかの」動物であることを感じさせてくれたからです。彼と向き合うときは、こちらの条件を押しつけるのではなく、彼の条件に従わなければなりません。人間の意志のとおりに動かすために、ビルビをしつけたり、叱ったり、訓練したりするなど――犬に対してするようなことです――とんでもありません。なんの効果もないばかりか、私たちの関係を根底から壊してしまうでしょう。

私は信じられないほど恵まれていたと感じています。自由で用心深く、本来は野生に生きる動物とこれほど親密になり、その豊かな心をのぞかせてもらえたのですから。私とビルビの関係は通常なら存在するはずの境界――野生と家畜、森と家、人間と人間以外の動物、自然と文化を分かつもの――を越えていたのです。

ビルビは、子供のころに空想した世界に私を連れて行ってくれました。ビルビと一緒に森の小道を並んで歩いたり、デスクから目を上げると、森からやって来たビルビが暖炉脇の肘掛け椅子に座っていたり……そんな時間はまるで魔法のようでした。ビルビ、あなたは境界を越える勇気と自由を持っていましたね。私たちはつながることができた、そう思っていいでしょうか。

Ave atque vale（アヴェ アトクエ ヴァリ）（ありがとう、さようなら）、ビルビ。あなたのことは忘れません。

プラムウッドは何を悲しんでいたのか、と問われたら、彼女がこの文章で語ったすべてのこと、という答えになるだろう。私たちは教訓として心に留めておくべきだ。誰かの悲しむ姿を見てあれは偽りだとか、誰それには悲しむ資格がないだとか、そんなことを言う権利は自分たちにはない、ということを。とても珍しい相手に悲しみの感情を抱いたりしても、まったく不思議ではない。たしかに、ウォンバットと親密になる人は多くはないだろう。だが、プラムウッドはビルビを失って悲しんでいたはずだ。あるいは、ビルビが存在することが神秘的で素晴らしかったのに、もう存在しないという事実、それ自体が悲しかったのかもしれない。こうした悲しみは、多くの人が味わうものなのではないだろうか。想像してみてほしい。あなたに愛する動物が存在していたとする。一緒にいてくれ、自分の存在を感じてくれ、こちらを見て心を向けてくれる動物だ。だが、そんな動物がいなくなってしまったらどうだろう。もう一緒にいてくれず、こちらを見て心を向けてくれないとしたら……。

ここで少し立ち止まって整理しておこう。そうなのだ、彼女は同じ野生動物でも、ウォンバットとクロコダイルとではこうも違う体験をしているのだ。クロコダイルに襲われた彼女は、人間が食物連鎖の絶対的な頂点ではないこと、というより、食物連鎖という考え方自体が間違っていることを知った。彼女はこう書いている。「パラレルワールドに突然放り込まれて、小さな食用動物になった気分でした。自分の死はマウスの死と変わらないと感じたのです」

クロコダイルにとって、私たちはただの肉の塊だ。おそらく一部のサメにとってもそうであるように。だが、私たち（というよりも、この私のような人たち）は、大型の捕食動物であっても幸せな大家族の一員のように心を通わせることができると夢見がちだ（幸せそうな大家族でさえ家族ならではの問題を抱えている場合もあるが）。そのため、誰かが捕食動物――たとえばクロコダイル、サメ、グリズリー［ヒグマの一亜種］、ライオンやトラなどの大型の猫科動物――と親友のように仲よくしているのを見ると、心を奪われてしまうのだ。だが、私たちの思い描く夢は、先に挙げた例もあるとはいえ、たいていはひとりよがりだ。そして、この勘違いが命取りになることもある。たとえばカバは人間の「友達」に急に襲いかかり、一発で首をかみ切ってしまうことが知られている。ライオンやトラも同じだ。

散歩に誘うクマ

クマも忘れてはならない。おそらくクマには、ほぼどんな動物よりもそうした性質があるだろう。とりわけ、ロシアのカムチャツカ半島に生息する大型のクマが人間を襲った事例は多い。ここで、カナダの偉大な故人チャーリー・ラッセルと彼のクマについて触れておきたい。彼は独学でクマの専門家となり２０１８年に76歳で亡くなったが、その専門家としての生き様は素晴らしかった。彼が世界随一のヒグマの権威であることは、多くの人たちが認めていた。ラッセルは12年にわたり、ロシア東部の人里離れたカムチャツカ半島で、ヒグマの一亜種であるグリズリーとともに過ごし、彼らの行動を研究しながら、ともに暮らす方法を学んでいった。ほとんどの人はクマのことを、孤独を好み、怒りっぽく、危険な動物だと思っている。たしかに、そういう一面もあるだろう。だがラッセルは「クマは知的で社会的な動物であり、完全に誤解されている」と信じていた。それを証明するために、彼は10年間にわたり、毎年最短でも3カ月は、カムチャツカ半島の完全に孤立した暗い森で過ごした。自ら建てた小さなキャビンに暮らしながら、少しずつクマとの距離を縮めていったのだ。だが、彼が選んだ人里離れた土地にすら、違う理由でクマに興味を持つ人たちもいた。彼らの目的はクマの胆嚢（たんのう）だった。アジアのある地域では、クマの胆嚢は性欲促進剤や薬として重宝されており、金に匹敵する価値があるとされていた。2003年にラッセルがカムチャツカ半島に戻ったとき、彼が親しくしていたクマたちは全員いなくなっていた。殺されたのだ。彼への警告として、キャビンのドアにクマの胆嚢が釘で打ちつけられていた。

　ラッセルがクマに興味を持つようになったのは、著名な博物学者の父親に連れられ、弟と一緒にカナダのブリティッシュ・コロンビア州のプリンセス・ロイヤル島を訪れたことがきっかけだった。彼はそこで出会ったクマが逃げていく姿に興味を抱いた。ラッセルたちはベースキャンプに戻り、銃を置いてから、再びクマに対することにした。するとクマたちは自分たちに脅威が及ばないことを理解したようで、もっと近づくことを許してくれたのだ。ラッセルはこの経験から、クマは世間で言われるほど攻撃的ではない、自分たちを守っているだけなのだ、と思うようになった。

ラッセルは父親に、クマの研究をするために大学に通うのではなく、クマたちから直接学びたいと告げた。クマたちは教師であって、研究の対象ではない。だから、人間と接したことがなく、人間に不信感や恐怖感を抱くことを知らないクマたちのそばで学びたい。そう考えた彼は、カムチャツカ半島に向かった。カムチャツカ半島は東西冷戦下には軍事地域として管理されており、住人もなく、民間人が立ち入ることも禁止されていた。ラッセルはなんとかロシア政府を説得し、現地に降り立ち（飛行機は組み立てキットから自作した）、湖のほとりに小さなキャビンを建てた。1996年のことだった。彼の思っていたとおり、クマたちはキャビンの近くに集うようになり（好奇心からだろうか）、一緒に森の散歩に行こうとよく誘ってくるようになった。

ラッセルの心に最も深く刻まれたクマとの交流は、1990年代初めにさかのぼる。当時彼は、ブリティッシュ・コロンビア州北西部にあるカナダ唯一のグリズリー保護区で、クマ観察に訪れた人たちのガイドをしていた。ある日、苔むした丸太に腰を掛けていると、マウス・クリーク・ベアと彼が呼んでいたメスのグリズリーが近づいてきた。彼ができるかぎり落ち着いた声で話しかけると、彼女は隣に座ってきて、足を伸ばして彼の手に優しく触れたのだった。ラッセルは彼女の鼻に触れると、何も考えずに、彼女の口のなかに自分の指を入れ、尖った歯に沿ってするりと滑らせた。「彼女は私の手だけでなく、私自身をまるごとディナーにすることもできたはずです」ラッセルは当時の驚きを語っている。「ですが、そうしなかったのです」

ロシアに渡ったラッセルにとって、忘れられない記憶となったのが、2匹の子グマを連れた母グマとの出会いだった。子連れの母グマほど危険な野生動物はいないと言われるが、ラッセルも慎重に対応していた。だが、母グマが求めていたのは、食べ物を探しに行く間、2匹の子グマを預かってくれるシッターだった。彼女は明らかに、動物園からやって来た10匹のクマの赤ん坊を世話するラッセルの振る舞いを観察していたのだ(彼は赤ん坊たちを野生に戻す実験をしていた——結果は成功だった)。そして、ラッセルになら安心して自分の子供たちを任せられると判断したのだった。だが、彼の活動や著作はハンターたちの怒りを買ってしまう。2009年のインタビューで彼自身もこう語っている。「ハンター文化においては、動物を殺すことを勇気ある行為だと思わせるために、動物を恐ろしい存在として宣伝する必要があるのでしょう」。そして残念なことに——ラッセルにまったく責はないのだが——クマたちが人間を信用するようになったせいで、ハンターたちが半島にやって来て、クマたちを容易に殺すようになってしまったのだった。ラッセルはそんな状況を嘆き悲しんでおり、「クマたちはいともたやすく殺されていきました。悪夢を見ているようでした」と語っている。

ラッセルは2018年に亡くなっているが、クマを失った悲しみがその早すぎる死に影響していたとしても、私は驚かない。野生動物の死に対する彼の強い悲しみを理解できた人は、ほとんどいなかったはずだ。彼がこの「情緒的孤立」にも苦しめられていたことは間違いないだろう。彼は誰もが不可能だと考えていたことを成し遂げ、クマたちに対して心を開き、ある種の愛を感じていた。だが、それを同じように感じ取れる人はほぼいなかった。彼のクマに対する悲しみは彼ひとりが抱えていたものであり、わかち合える相手もいなかった。だからこそ、いっそう強く胸を刺すものだったと思う。

ラッセルはクマたちを愛し、彼らがハンターの犠牲になったことに心を痛めていたのだろうか。それは問うまでもないことだ。彼は深く傷ついていた。だが、クマたちが彼に愛情を返していたかといえば、実際のところは、私たちにはわからない。彼らの間に流れていたものを表現するには、愛という言葉では強すぎるのかもしれない。だが、たしかにクマたちは彼に好意を寄せていた。それ自体が素晴らしい功績ではないだろうか。ラッセル自身もこう語っている。「クマはどう猛で攻撃的で、いつでも人を殺したがっていると誰もが思っていますが、私には彼らが平和を愛する動物に思えてきたのです[*4]」

ここでもうひとつ、かなり難しい問いが浮上してくる。ごく最近になって人々の関心を集めているその問いとは「人は直接知らない動物に対しても、悲しみの感情を抱くことができるのか」というものだ。その答えは「イエス」であるべきだと私は思う。悲しみを味わっている多くの人から目を背けるというなら別だが（そんなことはけっしてすべきではない――「他人の悲しみを軽んじてはいけない」、それが本書で最も伝えたいメッセージのひとつでもある）。知らない動物に対する悲しみ方は人それぞれだろう。動画を見て涙を流す人もいる。ひどい状況に置かれた動物（ニワトリ、豚、牛などだ）をいざ救おうとして、強制的に生かされている様子を目にしたとたんに泣き崩れる人もいる。彼らはみな、苦しむほかの動物たちの姿を目にして（ときには聞いただけで）、思いやりや共感を抱いているのだ。私自身も、トラックで食肉処理場に運ばれていく牛や羊が目をそらしてくれないと感じたことがある。彼らが自分を見つめていることにふと気づいたのだ。最初のうちは、彼らは私に救いを求めているのだと思っていた。だがいまは、そこにはもっと深いものがあると思っている。あなたは私たちを見殺しにしている、彼らはそう訴えていたのだ。これが残酷な考えであることは承知している。しかも私は自分の思いを投影しているのかもしれない。だが、動物たちの目に浮かぶ何かが私の心をかき乱すのだ。だから私は、食肉処理場に向かうトラックとすれ違う瞬間がとても苦手だ。かつて、ニュージーランドの南島の草原で牛の群れとすれ違ったとき、全頭が立ち止まって私を凝視してきたことがある。私がフェンスに歩み寄ると、彼らはみなこちらにやって来て、ものすごい集中力でひたすら私を見つめてきた。私はなぜか恥ずかしくなり、いたたまれない気分になった。彼らを待つ運命を気の毒に思いながら、その運命を変えるために何もできない自分が情けなかった。これを感傷と呼びたい人は呼べばいいと思う。だが、日ごろから私とまさに同じように感じ、心が落ち着かない瞬間を味わっている人たちがますます増えているのも事実なのだ。

野生動物との「友情」

あなたが私のようにネットで珍しい話を探すのが好きなら、人間とほかの動物との驚くべき友情を伝える事例をたくさん見つけられるだろう。たいていの場合、人間と友情を育むような動物たちは、同種の個体同士で自然に親密な関係を築く性質を持つようだ。それがなんらかの理由でかなわないとき、彼らは人間に代理を求めることがある。私も「補欠」になりたいと思っていたのだが、補欠でなくてもチャンスはあると知った。どうやら私たちのことが好きで、相手として選んでくれる動物もいるようなのだ。私は10歳くらいのころ、カリフォルニア州の谷間地域に住んでいた。当時私は4羽の幼いカモの「母親」代わりを務めていたのだが、毎朝学校に歩いて通うときにも、カモたちが私のあとを付いて来た。校舎に入る前には別れなければならなかったので、カモたちには学校近くの公園で楽しく過ごして待機してもらい、放課後になると、また全員で一緒に出発し、大きな庭とプール（カモにとっては池だ）のある家まで歩いて帰ることにしていた。私はカモたちのことを熱烈に愛していた。彼らもたしかに私を慕っていたが、いま思えば、よく知られる「刷り込み」の効果がほとんどだったのだろう。私は彼らが卵からかえって初めて見た生き物だった（経緯は思い出せないが）。それで私のことを自然に母親だと思い込んだのだろう。

だが、ときには完全に野生の鳥が、説明のつかない理由で人間と親しくすることもある。ある野生のガンは、公園に通うリタイアした高齢の男性と親友になろうと心に決めた。そのガンは毎日散歩をする男性のあとを付いて行き、男性がヴェスパ［イタリア製のスクーター］[*5]に乗って帰るときには、もうお別れの時間だと説得してあげる必要があったほどだ。動画からもわかるように、彼女は男性のそばを離れず、公園を出るときには彼の頭上を飛びながら付いて行くこともあった。彼らの物語がどんな結末を迎えるのかはわからない。だが、男性は彼女と会えなくなったら、まず間違いなく悲しむだろう。あるいは男性が先に亡くなったら、そのときは彼女が悲しむだろう。

日常からさらに離れた、森やジャングルに近い環境にたまたま暮らすことになった人たちの事例にも触れておこう。彼らの元に動物がやって来て、顔見知りになり、一緒に暮らしたがることがあるらしいのだ。これはさぞかし光栄に感じることだろう。自分は選び抜かれた人間で、「この動物は自分を特別な存在だと思ってくれている」と思うに違いない。

ほとんどの人間は、野生動物とよい友達になった自分の姿を、ファンタジーのように思い描くものだ。だが、そんなことを夢想する野生動物はおそらく1匹もいない。

子供に至っては、野生動物（たいていは強い動物だ）と友達になることを夢見ない子はまずいないだろう（狼に育てられた少年を描く『ジャングル・ブック』しかりだ）。だが、私たちはファンタジーを描きながらも、それがやがて終わり、悲しみと嘆きを連れて来ることも知っている。野生動物との種の境界を完全には越えられない私たち。その先にあるのは、たいていは悲しい終わりなのだ。このことは子供たちも直感的に理解している。だからこそ、子供たちと犬や猫との絆は強くなるのだろう。犬や猫は、彼らの祖先である野生動物から見ればいいとこのようなものだ。そんな野生に近い動物たちと、子供たちほど親密な絆を築ける人間はいない。

植物の「意識」

さて、ここで「迷信」というものについて、私なりの新しい解釈をお伝えしておこう。人々が「迷信」を信じてしまうのは、世界には説明がつかない事象が多いことを自覚しているからではないだろうか。皆さんにお聞きしたいのだが、50年先、100年先に現在を振り返ったとき、人々はどんな事象について「当時はそんなこともわからなかったのか」と言うだろうか。まず確実に言えるのは、植物にまつわる事象だろう。数年前まで、樹木に意識があるという考えを聞いても、私たちはばかにして取り合わなかったはずだ(例外もある。1973年刊行のピーター・トムプキンズとクリストファー・バードの共著『植物の神秘生活』では植物の感情を取り上げている。内容は突飛だが、娯楽として読むにはいい本だ)。だが今日では、樹木に意識があるという考えがとても注目されている。おそらく、私たちがより繊細に植物をとらえるようになったのは、1995年に放送されたBBCのドキュメンタリーシリーズ『植物の世界』の影響だろう。博物学者デイビッド・アッテンボローが制作したこの美しい作品は、次のような思慮深い言葉で締めくくられる。

私たち人類は、ひとつの種として地上に現れて以来ずっと、植物を掘り起こし、切り倒し、焼き払い、汚染してきました。現在では、それがかつてなかったような規模で行われています。私たちは植物を滅ぼすことで自分たちの首を絞めているのです。植物なしでは、私たち人類もほかのどんな動物も生きていくことはできません。今は私たちの緑の遺産を大事にする時代であって、略奪するときではありません。植物の滅亡は、必ず人類を滅亡へと導くはずだからです。[書籍版『植物の私生活』(手塚勲・小堀民恵共訳)より]

ここでもう一度、絶大な支持を得た書籍『樹木たちの知られざる生活』について触れておきたい。この本のおかげで、樹木たちが密に意志を伝え合いながら、非常に精巧な生活を送っていることが、一般読者にも知られるようになった。

この本をここで再び持ち出したのは、なぜ私が植物を失いたくないと思っているのか、なかなか理解してもらえないと感じているからだ。だが、この本によって植物の繊細さや敏感さが初めて人々に理解されたおかげで、だいぶ違ってきたように思う。私は植物がそばにないと寂しく感じてしまうのだ。きっと植物のほうでも、快適な生育環境を用意するために水をやり世話をする私の存在を感じてくれているはずだ。もちろん私の暮らしも植物たちに快適にしてもらっている。だから私はいつも緑に囲まれていたい。実際、そうでない人などいないだろう。今日では病院でさえ、植物に囲まれ、窓から緑のある風景を眺めて過ごす患者のほうが、症状が改善しやすいことを認めている。

オウムとの絆

私は幼いころ、鳥をkeep［「飼う」「閉じ込める」の意］していた。そうなのだ、鳥を「飼う」ことは、彼らを「閉じ込める」ことなのだ。だが、鳥は本来閉じ込められるような動物ではない。自由に飛び、つがい相手と出会い、自然に導かれるままに生きるべきだ。とはいえ、自分が育てた鳥に非常に強い絆を感じる人もたしかにいて、鳥たちもそんな人間に絆を感じているようなのだ。多くの鳥はつがい相手と生涯にわたって絆を育みながら生きていく（人間のように簡単に離婚したりしない）。そのため、彼らは鳥のつがい相手を失ってしまうと、ほかに候補になれるのは人間だけなので、私たちと絆を結ぶというわけだ。私が幼いころに、「私の」鳥たちと絆を育んだのも、こうした経緯からだった。最近、ある卓越した本を読んだ私は、人間と鳥がいかに深く絆を育むことができるのか、改めて考えさせられた。その本とはローリン・リンドナー博士の『*Birds of a Feather: A True Story of Hope and the Healing Power of Animals*（羽を寄せ合って——動物が教えてくれた真の希望と癒やし）』だ。ローリンはトラウマが専門の心理学者で、退役軍人の心的外傷後ストレス障害（ＰＴＳＤ）の治療法を研究している。彼女はトラウマに苦しむオウムと退役軍人の治療施設「セレニティー・パーク」を、ウエストロサンゼルスにある退役軍人病院の１５６万平方メートルを超える敷地内に創設した。現在、施設はロックウッド動物救済センターに移設されており、そこではオウムのほか、狼、狼犬、コヨーテ、馬などの動物たちが保護されている。オウムたちは「所有者たち」から「手放された」か、飼育放棄や虐待を受けていたところを当局によって保護され、この施設にやって来た。私は何度か施設を訪れて、ローリンに会ったことがあるが、彼女には傷ついたオウムたちの心を開く特別な才能があるようだ。オウムを亡くしたときの気持ちを教えてほしいと私が手紙で相談すると、彼女は次の文章を寄せてくれた。そこには、オウムとの別れの辛さについてとても深い思いが綴られていた。

オオバタン［インドネシアのモルッカ諸島に生息するオウム。バタンは羽冠のあるオウムの総称］のサミーとマンゴーを、あと数日で一時預け先から引き取ろうとしていたときのことです。世話に当たっていたスタッフが半狂乱で電話をかけてきて、マンゴーが地面で血を流していると伝えてきました。

人はトラウマを受けると、心と体が解離してしまうことがあります。すべてが現実でないように見えるのです。時間がゆっくりと進むように感じたり、精神が体から離脱して自分を見下ろすような感覚を覚えたり……。あのとき、自分がどうやってマンゴーの元に車で駆けつけたのか、思い出すことができません。友人が運転する車で保護区に戻り、獣医の診察室にたどり着くまで、ずっとマンゴーを腕に抱いていたことは覚えています。マンゴーは息をするのも苦しそうで、ゆっくりと目を開けては閉じていました。血だらけだったので、どこをケガしているのかもわかりませんでした。瞳に光はありましたが、目線はうつろでした。その日はレイバーデイ［労働者の休日］で、かかりつけの鳥類専門医が町を出ていたため、24時間体制の動物病院にマンゴーを連れて行き、一晩中彼のそばにいました。

獣医はマンゴーの傷に包帯を巻いて止血すると、輸液を注入してくれました。体じゅうの血がきれいに拭き取られると、いつものマンゴーに少し戻ってくれたように見えました。

マンゴーが眠ると、私は身をかがめて息を確かめ、その小さな胸が上下するのを見守りました。「お願いだから、逝かないで」そう声をかけていました。

彼は目を覚ますと、どうにか私と目を合わせてくれました。不規則ではありましたが、呼吸も続いていて、いくらか気分がよくなったようにも見えました。私は隣の終夜営業のレストランに走り、彼の大好きなスウィートポテトを買って戻ると、マンゴーに与えました。すると何口か食べてくれたのです。きっと彼なら大丈夫、とても強い子だから。私は自分にそう言い聞かせていました。

マンゴーの意識が戻るのはわずかな間で、すぐにまた眠ってしまいました。そのたび私は「お願いだからもう一度目を開けて」と心のなかで唱えていました。ですが、翌朝、彼は息を引き取りました。小さな体をぶるぶるっと震わせると、それっきり動かなくなったのです。「もうこれ以上のトラウマを抱えて生きるのは酷でしょう」当直医は彼を見ながらそう口にしました。

マンゴーはかつてアライグマに襲われたことがありました。アライグマは賢いので、鳥たちを観察するうちに、鳥小屋の金網をつかんで揺らせば、鳥は飛び立つか、地面に落ちるかすることを知りました。そこで、地面に落ちた鳥に狙いを定め、よじ登って止まり木に戻ろうとするところを、金網越しに足をつかんで捕まえようとしたわけです。オウムたちは、アライグマから逃れるため、飛んだまま直接止まり木に戻るようになりました。ですが、マンゴーは飛べなかったので、いったん地面に落ちてから、鳥小屋を囲う金網をつたって止まり木に戻るしかありませんでした。

マンゴーはアライグマに興味があったのかもしれません。いつも彼はほかの動物たちのことを知りたがっていましたから。もしかしたら、襲われる直前にも、アライグマに「やあ」と挨拶をしていたかもしれませんね。

マンゴーが逝ってしまった。こんなことがあっていいのでしょうか。マンゴーがいないのに、カリフォルニアの空はなぜいつもどおりに晴れわたっているのでしょう。

私はシャツの上で乾いた彼の血といまも一緒にいるというのに。疲れていて、悲しくて、震えが止まりませんでした。私はマンゴーを愛していました。彼は私だけでなく、周りの誰をも笑顔にしてくれました。あふれるほどの愛情、思いやり、忠誠心。それがマンゴーという鳥でした。

もう1週間早く、マンゴーをロサンゼルスに連れて帰ればよかった。そんな後悔をしてみても、彼は帰ってきません。私は声を上げて泣き、たくさん眠りました。もっとこうしていれば、ああしていればと思いながら、ただただ虚空を見つめる時間を過ごしました。心の重みに耐えかねると、周りの世界からひとり切り離されたようになり、マンゴーはもういないのだという思い以外、何も感じられなくなってしまいました。

私を苦しめていたのは、彼を亡くした体験だけではありませんでした。いまなら、それがわかります。心理学者である私は、ひとつの喪失体験が過去の喪失体験の数々を呼び覚ますことを知っています。坂を転がり落ちる雪だるまが、膨らみながら勢いを増すように、心の痛みもどんどん大きくなるのです。当時の私のなかにあった癒されない悲しみ。その一部は、向き合い切れていない過去の喪失体験がもたらしたものでした。過去の私は心の痛みに蓋をしようとしていました。痛み自体を否定してしまえば、そのときは乗り切れたように感じるかもしれません。ですが、トラウマ研究の第一人者であるベッセル・ヴァン・デア・コークがいうように、「身体はトラウマを記録する（the body keeps the score）[*6]」のです。悲しみはいつでも心と体のどこかに存在し続けます。

私がこうして手記を綴ることができるのは、過去の喪失体験に向き合うことができたからです。早くに母親を亡くした私は、ずっと寂しさを抱えていました。病気ではない母親ともっと幸せな子供時代を過ごしたかった、そんな思いもありました。先立っていった友人たち。彼らに会えない寂しさや孤独にも、私は苦しめられていました。マンゴーの死に後押しされるように、私は心の奥深くを見つめる作業に没頭しました。

そして、自分の悲しみを紛らせるために責めていた、あらゆる存在——自分自身やアライグマを含め——を許すことができたのです。

　私はいまだに毎日のようにマンゴーのことを思います。ですが、彼に出会わなければ喪失の痛みも知らずにすんだのに、とはけっして思いません。彼がこの地球からいなくなっても、私の彼への愛が消えるわけではないのです。私の心には、太陽の光が届かない一角ができてしまいました。でも、だからといって、これからも愛することを止めたりはしません。マンゴーを思うと、私はカリール・ジブラーンの詩を思い出します。「悲しくて仕方のないときも、心の奥をのぞき込んでごらんなさい。すると気づくにちがいありません。かつては喜びであったことのために、今は泣いているのだ、と」［詩集『預言者』収録の「喜びと悲しみについて」より引用。佐久間彪訳］

　いまでも心が痛むのは、サミーにとても怖い思いをさせてしまったことです。マンゴーが襲われる様子を彼女が見ていたかと思うと、いたたまれない気持ちになります。せめてもの救いは、サミーにとってマンゴーはあくまで群れの仲間だったので、つがい相手を亡くすほどの深い悲しみを味わわずにすんだことです。マンゴーが亡くなった日の早朝、私は預け先に車で戻ると、サミーを引き取り、一緒に家に帰りました。彼女はしばらく跳んだり跳ねたりして興奮した様子でしたが、数日のうちに落ち着きを取り戻してくれました。深い悲しみに沈むこともありませんでした。私はというと、

6
Grieving the Wild Friend

何週間にもわたり、毎晩声を上げて泣きながら、サミーを引き寄せては長いこと羽を撫でていました。まるでマンゴーの羽みたい、そう思いながら、心地よさに身を委ねていたのです。

私はマンゴーを失った悲しみを感じ続けていました。撫でてほしいときや、好物を食べたいときに、私にせがんでくるマンゴーの愛らしい姿。それがもう見られないと思うと、寂しくてしかたありませんでした。サミーもマンゴーもずっと家族でしたし、マンゴーが旅立ってもそれは変わりません。私はサミーには、ずっとそばにいてほしいと思っていました。

サミーとの暮らしは、それから7年間にわたって続きました。

そして、その晩はやって来ました。夫のマットとともに日帰り旅行から帰ると、サミーが地面に立っていたのです。サミーの身によくないことが起きている、私はそう直感しました。木の上で暮らす鳥は、天敵だらけの地上に長く留まることがめったにないからです。マットと私は顔を見合わせると、言葉も交わさず、ブランケットにサミーをくるんで、車で山を下り、信頼する鳥類専門医の元へと向かいました。

車中で私は、あの恐ろしい夜のことを思い出していました。血を流し、ショック状態のマンゴーを抱えて、夜間動物病院に向かったあの夜……。でも今回は夫が助けてくれています。彼は獣医に電話をして、到着予定時間を伝え、サミーを迎える準備をするように頼んでくれました。ですが、それでも私はあの夜と同じように無力感に苛まれ、サミーを助けてあげられない自分を情けなく感じていました。動物病院に到着したときには、深夜0時を回っていました。落ち着いた声でサミーに話しかけてみましたが、彼女は心ここにあらずといった感じで、目を合わせてもくれません。前方をじっと見つめているのですが、その目には何も映っていないようでした。

私たちは一晩中サミーのそばに座り、彼女の意識が途切れないように励まし続けました。「しっかりして、サミー、大丈夫だから」まるで彼女に言い聞かせるかのように、私はそう繰り返していました。

獣医にできることは、もうほとんどありませんでした。

まぶたを閉じ、呼吸も浅くなったサミー。どうか胸の動きだけは止めないで、そう願いながら見守っていると、一瞬、彼女が目を開いて、私の目をとらえました。それから、くちばしでケージ側面の金網をくわえて体をこちらに寄せ、金網越しに小さな足を差し出してきました。私がつま先をつかむと、今度は足指をぎゅっと巻きつけてきました。サミーが命をつないでくれているかぎり絶対にそばを離れない、私はそう心に決めていました。サミーと私はひとつの心臓を共有しているかのようでした。彼女の命が消えゆくとき、私の鼓動も止まったようになり、呼吸が苦しくなったのです。サミーはいま旅立った。私には彼女が逝ってしまった瞬間がわかりました。

マットはずっとそばにいて、私を両腕で包んでくれていました。とても耐えられるような状況ではありませんでしたが、今回はひとりで苦しまなくてもいい、そう思えることが救いでした。

獣医の診断によると、サミーの死因は鉛中毒でした。急性ではありましたが、鉛はサミーの体内で何週間にもわたって蓄積していた可能性があります。サミーには自然食を食べさせていました。刺激の強い化学薬品を近くで使わず、安全性が確認できたオモチャだけを与えていました。それなのになぜ中毒になってしまったのでしょうか。ひとつ考えられるのは、彼女が暮らした部屋の天井近くの古い飾り棚です。表面の塗料に鉛が使われていたのかもしれません。ですが、サミーは飛べませんでした。いったいどうやって棚まで登ったのでしょうか。

私は彼女を裏切ってしまったように感じていました。私にとって、サミーは特別な存在でした。彼女はどんな動物よりも、私の活動意欲をかき立ててくれました。私は彼女のようなバタンに出会ったことはありませんでした。そして、これほど人生の多くを投じた相手はほかにいませんでした。私たちは28年という年月をともに過ごしたのです。サミーを亡くしたことで、ようやくわかりました。なぜ愛する存在を失うことがこれほど悲しいのか。それは、私たちが心も魂も捧げた相手を失うとき、自分の小さなかけらも一緒に失ってしまうからです。

ですが、私がサミーと一緒に失ったものは、小さなかけらどころではありませんでした。私は自分のほとんどを失い、二度と取り戻せないように感じていました。

それでも、サミーがほとんどのオウムよりも、そして人間よりも、たくさんの人を癒してくれたという事実、それが私の心を慰めてくれました。私は、サミーが私の人生にやって来てくれたことに感謝しています。その思いはずっと変わりません。彼女を30年近く愛してきたのですから。いまでもサミーと出会ったときのことを思い出します。あの日、エスクロー［不動産売買取引の安全性確保のため、第三者機関が物件を預かるサービス］期間中のビバリーヒルズの家で、ひとり泣きじゃくっていたサミー。その声に導かれて彼女を救いに行った私は、同時に自分も救ってもらったと思っています。誰もいない街の通りに響きわたったサミーの鳴き声が、いまも耳によみがえります。あのとき、サミーは私を呼んでいた。そして、私はその声に応えた。そう信じています。

人間と仲よくなりたかったシャチ

ここで、野生動物の死について語られた、最も美しい話のひとつを紹介したい。この話は多くの人々に感動を与えているが、とりわけ太平洋沿岸北西部［米アラスカ州からカナダのブリティッシュ・コロンビア州を経て米北西部に至る沿岸地域］に暮らし、シャチと恋に落ちてしまった人たち（私もだ）の心を打っている。私にこの話を教えてくれたのは、鯨類研究者として尊敬を集めるトニ・フロホフだ。

客観的であること。科学にはそれが求められます。ですが、他者を研究対象とする場合――それが人間であれシャチであれ――心と頭はたやすく介入し合うでしょう。研究に携わる人たちは、心と頭はけっして一致しないと教えられてきました。ですが、科学者も人です。どんなに隠そうとしても、心も頭も持っているのです。この事実は否定できません。私たちは感情が存在しないふりをするのではなく、感情を認めて、それに向き合うことで、人間という動物として――また研究者として――全体性を育むことができるのではないでしょうか。

シャチのルナは、かなり珍しいかたちで、ブリティッシュ・コロンビア州の人間社会の仲間入りをしました。[*7]彼はシャチに関する既存の理解を大きく覆してくれました。というのも、私たちはすでに、定住型シャチの群れのメンバーそれぞれについて、かなりの知識を持っているつもりだったからです。ルナが初めて確認されたのは1999年のことです。まだ赤ん坊で、個体群「サザンレジデント」に属していました。彼は2001年に「行方不明」となり、死亡したと思われていましたが、のちに誰もが予測しなかった場所で――なんとたった1匹でいるところを――発見されたのです。彼がいたのは、やや人里離れた、ブリティッシュ・コロンビア州バンクーバー島沖のヌートカ湾と呼ばれるフィヨルドでした。

ルナがどうやってヌートカ湾の人間のコミュニティにたどり着いたのか、まだ「よちよち歩きの子供」でありながら、どうやってひとり生き延びたのか、それは謎のままです。彼が属していた個体群サザンレジデントがこのフィヨルドに立ち入ることはなく、メンバーはみな母親の群れで一生を過ごします。家族の結びつきは強く、最も緊密な絆を持つ人間社会の家族にも負けないくらいです。

ヌートカ湾にたどり着いたルナは、この人里離れた沿岸のコミュニティで暮らし働き遊ぶ人たちとつながりたい、仲間になりたくてたまらないといった様子でした。住人たちは、初めのうちは、いたずらっ子の顔をして会いに来るルナを興味と驚きと喜びを持って歓迎し、彼を撫でたり、棒などで一緒に遊んであげたりしていました。

ルナが「代理群」を求めて、沿岸で暮らし働く人たちと絆を築こうとしていたことは明らかでした。彼は人を見つけると誰とでも一緒にいようとしました。巨大で優しく、ときに不器用な顔も見せる、まるで水中の仔猫のようなルナ。彼は住人だけでなく、彼らの小船や救命ボート、船外モーター、釣具とすら遊ぼうとしました。このルナのいたずらに、漁師をはじめとする住民たちはしだいにいらいらを募らせていきました。これから仕事に掛かろう——あるいは用事をすませよう——としている最中に、人懐っこい顔をしたルナが絡んでくるからです。ルナとの触れ合いは、ある人にとっては「死ぬまでにやりたいことリスト」のおとぎ話部門に入れたいものでしょう。ですが、暮らしを脅かす災いの元だと感じる人もいます。なかにはルナに危害を加えると脅してくる人までいたほどです。

ヌートカ湾岸には先住民のモワチャート／ムチャラートの自治政府があり、彼らもまたこの沿岸部で暮らし働いています。彼らの精神的伝統において、ルナの存在は独自の文化的な重要性を持っていました。カナダ海洋漁業省（ＤＦＯ）はモワチャート／ムチャラートとともに、ルナに対する「措置」を検討しましたが、もの別れに終わっています。群れに戻ってもらうのか、このまま留まってもらうのか、触れ合うべきか距離を置くべきか……合意を形成することはできず、意見の衝突が生まれてしまいました。

モワチャート／ムチャラート自治政府の漁業省の依頼を受け、私はルナの今後を検討するための支援と助言を行うことになりました。科学者の言葉で表現するなら、ルナは「独居性かつ社会性のクジラ目の動物」でした。私はこうした珍しいイルカやクジラの個体の保護と研究を専門としていたのですが、この分野はほとんど研究が進んでいませんでした。[*8] しかも当時知られていたのは、クジラ目の動物のなかでもバンドウイルカやシロイルカの事例がほとんどでした。残念ながら、こうしたクジラ目の動物たちが人間のコミュニティに「なじむ」努力をし、メンバーとして受け入れられ、どれだけ多くの人から崇められていても、必ずひとりは排除――あるいはもっとひどい仕打ちを――したがる人がいました。

私はシャチやその他の鯨類の専門家グループを率いて、ヌートカ湾に入りました。定評ある専門家たちを自ら推薦し、彼らの意見を聞きながら進めることにしたのです。そして、全員で次の結論を出しました。「たとえ最良の環境が用意できて、最も動物の扱いに慣れた人間、あるいは善意ある人間が相手をしても、ルナが求める社会的な絆を築くのは難しい」。私たちはDFOに「ルナの救済」を嘆願するべく、専門家グループとしての提言を行い、嘆願書を集めたほか、一般の人たちからの投書――学童からの手紙までありました――も提出しました。ヌートカ湾を物理的に離れてからも、私たちはルナに関する報道に深く心を寄せ、彼を助けたいと切に思っていました。私は名高いシャチ研究者のケン・バルコムと共同でルナを群れに戻す支援を求める提案書を作成し、DFOに提出しました。ですが、その提案書は何カ月も取り上げてもらえず、棚上げにされていたようです。その間もルナは待っていたのです。それもひとりぼっちで。私たちは人間社会の政治課題が優先され、ルナの問題が後回しにされる悲しい現状を目の当たりにしました。美しさと哀しさを併せ持つ、この無垢な若いシャチが私たちの助けを必要としている、それは明らかだというのに。

数カ月後のことです。楽園のようなハワイの海で調査船に乗っていたとき、携帯電話が鳴り、友人からそのニュースを聞きました。「記者や知らない人から聞いてほしくなくて……ルナが亡くなったわ」。驚きというより、お腹を殴られたような感覚でした。ルナは長く苦しんだりしなかったか……せめてそれだけは知りたいと思いました――即死と聞いて、胸を撫でおろしました。ルナは巨大な船のプロペラにたまたま巻き込まれて、命を落としてしまったそうです。つまり故意の行為ではありませんでした。それでも、ルナが血にまみれた早い死を遂げた事実は、人間のどうしようもないほどの無能さを突きつけているのではないでしょうか。私たち人間は、ほかの種がもたらしてくれた素晴らしい神秘と機会を目の前にしながら、人道性、公平性、適切性を欠く対応に終始したのですから。ルナは生きて、早くに亡くなってしまった……彼が失ったすべてのものを思うと、深く心が痛みました。ルナだけではありません。私たちが破壊し続けるこの星に生きるほかのすべての動物たち。彼らが失ってきたものの大きさを思うと、私は深い悲しみに沈まずにはいられません。

ここまで、動物のために悲しむ人間の姿を見つめてきた。人間は、あらゆるかたちや大きさの伴侶動物に対して、そしてつながりを築いた野生動物に対してさえも、悲しみの感情を抱く。では、動物たちのほうはどうだろう。野生動物は互いに悲しみ合ったりするのだろうか。答えは間違いなくイエスだ。25年ほど前に『ゾウがすすり泣くとき』で私が初めて動物の感情世界について書いたとき、こうした考えは広い支持を得られなかった。だがいまでは、保守的な動物行動学者でさえも、動物に悲しみの感情があることをすっかり認めている。それなら、もう少し踏み込んでみることはできないだろうか。ゾウが互いの死を悲しむのであれば、人間の死に対しても悲しみの感情を抱くはず、そうは考えられないだろうか。私は、『象にささやく男』を著した故アンソニー・ローレンスが残してくれた事例に、そのヒントがあるような気がしている。彼は南アフリカのクワズール・ナタール州で2000万平方メートルを超える私設の動物保護区「トゥラ・トゥラ」を運営していた。2012年のことだった。彼が61歳で心臓発作のために息を引き取ると、ゾウの2つの群れ、合わせて31頭が約180キロの道のりを歩いて彼の家まで行き——1年半ぶりの訪問だ——2日2晩にわたり何も食べず、その場にずっと立ち続けたのだ。きっと亡くなった友人に敬意を表し、その死を悼んでいたのだろう。これが追悼行為であることに疑いの余地はないと私は思っている。というのも、ゾウたちは何年も前にローレンスに命を救われていたからだ。群れから外れた荒くれ者だった10頭のゾウたち——3匹のメス、3匹の子ゾウ、2匹のオス、2匹の赤ん坊——は、彼が保護区への受け入れに合意しなければ、射殺されるところだった。ローレンスは彼らを引き取ることを決めた。そして、忍耐に忍耐を重ねながら、冷静に観察を続け、ついにはゾウたちからの信頼を勝ち得たのだった。そのとき彼は「象にささやく男」という称号も同時に手に入れたというわけだ。

本章を終えるにあたり、2匹のラット、「キア（Kia）」と「オラ（Ora）」のエピソードをお伝えしておきたい（2匹の名前を合わせた「Kia ora」はマオリ語で「Hello」を意味する）。名前を付けていたのは、彼らが私たちのラットであり、ペットだった……いや、むしろ家族だったからだ。私たちは彼らをニュージーランドの研究室から保護し、友達のように仲よく一緒に暮らしていた。いやいや、もちろんわかっている。ラットに友情を感じるなんてあり得ない、という声もあるだろう。だが、当時まだ幼かった2人の息子たちはラットに夢中になり、どこへ行くにも彼らと一緒で、ときには授業にまで連れて行くほどだった。ともに暮らしてみると、ラットたちがどれほど愛情深くなれるのかを知ることができた。ときおり、夜にラットたちを家のなかに放してみると、朝には私たちの足元に体を寄せているのだった。彼らは私たちと遊ぶのが大好きで、敏感なひげを優しく引っ張ってあげると特に喜んでくれた。一般に家畜化されたラットは2年以上生きることはないが、2匹とも2年半も頑張って生きてくれた。彼らが旅立つと、私たち家族の全員が悲しんだが、息子たちの落ち込みようは特にひどかった。そんな息子たちもいまや23歳と18歳になっている。それでも、折に触れては「あのときのキアとオラだけどさ」から始まり、ラットたちのお茶目ないたずらを語り出すことだろう。

そうなのだ、私たちはラットたちの死を悼んだ。チャーリーは殺されたクマたちを恋しく思い、ヴァルはウォンバットを、キムは七面鳥を、そしてローリンはオウムを失って悲しんでいた。こうした感情を恥じる理由はどこにもない。私たちは悲しみを感じられるからこそ人間でいられる、あるいは悲しみを感じられるからこそ、動物でいられる、そう言えるのではないだろうか。

7

Heartbreak:
Children and the Death of Pets

悲しい別れ
子供とペット

私たちの仕事は、
残酷で無情な世界に立ち向かえるよう、
子供を鍛えることではありません。
そんな世界を変えられる子供を育てる。
それが私たちの仕事なのです。

——L. R. ノスト

子供にとってのペットの死とはどういうものなのか。そこには説明しがたい部分がある。これは人間の死、というより死全般についても同じことだろう。だが、ペットを亡くした子供の心をわかってあげることは特に難しい。なぜなら、子供はペットと密接な関係を築くからだ。彼らは同じ純真さでつながっている。その意味では、子供と犬や猫との密な結びつきには、大人の人間や、親でさえもかなわないのだ。私自身にも覚えがある。カリフォルニア州パームスプリングスで暮らしていた子供のころの体験だ。ある日、家族でかわいがっていたウェルシュコーギー［ウェールズ原産の短脚の犬］が車にはねられて即死してしまった——わけもわからず、命を失った彼の体をじっと見ていた私……。ついさっきまで、一緒に砂漠を走っていたのに、もうぐったりとして動かない。ついさっきまで、親友だったのに、名前を呼んでも応えてくれない。世界が急にひっくり返ってしまった、なんの理由もなく、どうして……。大人たちが私にどんな言葉を掛けてくれたのかは覚えていない。だが、何を言っても私の心には響かなかったと思う。私の犬は死んでしまったのだ。大人たちが生き返らせることはできない。急に両親が無力に見えてきて、私は癒されない心をただ抱えていた。

とらえがたい「死」というもの

ペットを亡くした子供を前にしたら、信仰を持たない人でも、ペットはどこか別の場所で待っていると教えてあげたくなるかもしれない。これは優しさなのかもしれないが、はたして子供は信じるだろうか。敬虔な大人も同じことを言うはずだ。彼らの場合は自分自身も癒されたいのだろう。だが、私はこうした考えを信じることができない。だから、愛する動物たちは死後も生き続けると自分の子供に教えたりしたら、私は偽善者になってしまう。子供たちは何年もしてから、父親が本心を偽っていたことに気づくはずだ。そして

「ベンジーにもう一度会えるって言ったのに、会えないじゃないか。どうして嘘なんかついたんだ」と文句を言うことだろう。

だが、私たちが死後の生の有無について考えてしまうことにこそ、死というジレンマの核心があるのではないだろうか。死は絶対であり、無であり、その全容をとらえようとしてもすり抜けてしまう。誰にもはっきりとしたことはわからないし、死がもたらすとされる「純粋な無」を理解できる人もいないのだ。

プリーモ・レーヴィはホロコースト［ユダヤ人大虐殺］の生存者について書き続けた、偉大な――私にとっては最も偉大な――イタリアの作家だ。最後の著作『*The Search for Roots*（ルーツの探究）』は彼が選んだ詩や散文を収録したアンソロジーだった。収録作品のなかに「The Search for Black Holes（ブラックホールの探究）」という一篇がある。理論物理学者キップ・ソーンが米国の一般向け科学誌『サイエンティフィック・アメリカン』で発表した作品だ（1974年12月刊行）。レーヴィはこの作品を紹介する際、次の言葉を添えている。「私たちは宇宙の中心でもなければ、宇宙が人間のために創られたわけでもない。宇宙にあるのは敵意、暴力、不調和……そして私たちはとてつもなく小さく、弱く、孤独な存在だ」。さあ、そこでだ。なぜプリーモ・レーヴィは彼の知的生活に欠かせない一篇として、この作品を選んだのだろうか。私にはその答えがわかる気がしている。

プリーモ・レーヴィはユダヤ系の囚人として、アウシュビッツ強制収容所に送られた。収監されて間もないころ、ひどくのどが渇いた彼は、宿舎の窓の下枠にできたつららを取ろうとして手を伸ばした。するとナチス親衛隊（SS）が、その手をライフルで叩き飛ばしたのだった。私は思うのだが、この世界には2種類の人間――銃を持つ人と持たない人――しかいないのではないだろうか。あ然としたレーヴィは思わず、覚えていたドイツ語で「なぜだ（ヴァルム）」と尋ねた。ナチス親衛隊が返した言葉は、ホロコーストが生んだ最も有名な発言のひとつとして、のちに人々の心に刻まれることとなった。「ここにはなぜという言葉はない（ヒア・イスト・カイン・ヴァルム）」。この残酷かつ正しい返事をレーヴィはけっして忘れなかった。そしてのちに、ホロコーストについて思考するとき、必ずこの言葉を反芻するようになった。レーヴィは彼自身が感じた「なぜ、こんなことが起こり得るのか」という疑問、そして歴史学者アーノ・マイヤーが投げかけた「なぜ天は暗くならなかったのか」――マイヤーがホロコーストについて書いた本のタイトルでもある[*1]――という疑問に向き合い続けた。彼は多くの本を書きながら、おそらく限界まで思考を掘り下げたことだろう。そして、その果てに「答えはない」と述べたのだった――あるいは、宇宙のブラックホールのように人間の理解を超えている、そう思っていたのではないだろうか。

ペットを亡くした子供に寄り添う

子供にとっては意味を持たないが、大人にとってはとても都合がいい事実がある。それは、宇宙の歴史から見れば、人類はごく小さく、取るに足らない存在であるということだ。ホロコーストのような人類の過ちも、600万人のユダヤ人と、数百万人の非ユダヤ人が虐殺された事実も、いつかは風化されていく。いまから10億年後には――宇宙からすればほんの一瞬だ――ホロコーストが起こったことを知る人はいなくなっているだろう。

もちろん、犬を亡くした子供にこの話をしても慰めることはできない。しかも、悲しんでいる子供に聞かせるには酷な話だ。実際、あなたが葬式の場でこんな話をしたら、まず歓迎されることもないだろう。人々は死を悼むために集っているのだから。そうなのだ、この「死を悼むために集う」という行為、私たちにはそれが必要なのだ。つまり、ペットを亡くした子供に最もしてあげるべきことは、送る会を開いて思い出として残してあげることではないだろうか。なんらかのかたちで葬式を開いたり――亡くなった動物を知る人たちが集えばそれは立派な葬式だ――埋葬や儀式をしたりして、子供たちに教えてあげるのだ。悲しんでいるのはあなたひとりではない、悲しみは素晴らしくて崇高な感情であり、わかち合えるものだ、と。子供たちが涙を恥じる理由などどこにもないのだから。最近では、ペットの墓地もますます洗練されていて、私たちの想像を喚起するような、より深い部分のリアルさを追求している。皆さんにもぜひ知ってほしいので、伴侶動物の追悼儀式を取り上げる第12章で触れることにしよう。

人間のために葬式を開く慣例を持つ大人たちが、動物の死も同じく大きな出来事としてとらえる姿勢を子供たちに示して見せること。それがとても大切なのだと思う。犬や猫の死だけではない。鳥や、ペットのマウスやラット、ハムスター、アレチネズミ、モルモット、そして金魚であっても、動物の死は子供の心に深い影響を与え、永遠に刻まれることがある。これを大人の考えで切り捨ててしまってはいけない——けっして子供をからかって笑ったりしないでほしい(「ただの金魚じゃないか」とは言わないであげよう)。むしろ私たちは、子供の心に寄り添って、彼らと同じように厳粛に受け止めてあげるべきなのだ。私が特にお勧めするのは、子供の心に響く言葉を読み聞かせてあげることだ——たとえば、スズメの死についての詩や、エリザベス・ビショップの詩「The Fish(魚)」(終節がまた美しいのだ)[*2]、トーマス・ハーディが飼っていたウェセックスという名のフォックステリアについての文章[*3]、J.R.アッカーリーの小説『*My Dog Tulip*(私の犬チューリップ)』の素晴らしいくだり[*4]、バイロン男爵がニューファンドランド犬ボースンの墓碑に刻んだ詩[*5]、ヴァージニア・ウルフの伝記小説『フラッシュ　或る伝記』、ルドヤード・キップリングの詩「Dinah in Heaven(天国のダイナ)」、まだまだあるが、このくらいにしておこう。

大人の無理解

多くの子供たちは、自分を理解してくれる異世界の生き物に特別なつながりを感じている。残念なことに、それをわかってあげられない大人もいる。私自身もとても幼いころ、「風変わりなペット」(当時はこれがいかに間違った表現なのかを知らなかった)――飼う対象ではないとされていた動物――を飼っていたとき、大人たちの無理解に苦しんだことを鮮明に覚えている。当時、安物雑貨店で25セントのカメを買ってもらった私は、当然ながらどう世話をしたらいいのかわからずにいた。そうこうするうちに、甲羅がカルシウム不足のせいで軟らかくなり、そのカメは私の手のなかで亡くなってしまった。私はひどく取り乱していた。そこへ母の親戚たちがやって来て、涙にくれる私を見ると、面白がり、笑いながら、からかってきたのだった。私はまだ10歳やそこらだったが、こう感じたことをはっきりと覚えている。「愛する生き物の死を前にして、なぜひやかしたりできるんだろう。あの人たちにとって、どうでもいい生き物だとしてもだ」。幼かった私にも、彼らの振る舞いがおかしいことはわかった。彼らは嫌な部分をさらけ出していると感じていた。ほかにも同じようなことがあった。「私の」金魚が(現在では動物を「私の」所有物と考える人はさすがにいないだろう)、小さな鉢のなかで、浮き上がって死んでいたときのことだ(現在では金魚は1

四だけにせず、小鉢よりもずっと広くて豊かな環境で飼うべきというのも常識だ)。泣きじゃくる私を、大人たちの大半は面白がって眺めていた。苦しんでいる子供や動物に対して、大人たちの誰もがこうした反応を見せたわけではない。だが、当時はあまりに多くの大人が子供の悲しみを理解してあげられず、子供の心に消えない影響をもたらした。その証拠に私はいまでも覚えている。動物を失ったうえに、周りの大人にわかってもらえなかった、あの苦しみや悲しみを。

大人たちには、いくら子供のためと思っても、無情な態度は改めてもらえたらと思う。動物を失って悲しむわが子を厳しく叱る親などめったにない――いまがそんな時代であることを願うばかりだ。

家族でお別れの儀式をする

ここで、作家ジャネット・ゴットキンを母に持つ女性の話を紹介したいと思う(ジャネットが夫ポールと著した『*Too Much Anger, Too Many Tears: A Personal Triumph Over Psychiatry*〔怒りと涙があふれるとき――精神医学に対する個人的勝利〕』は、私がこれまで読んだなかで最良の反精神医学本だ)。彼女の言葉は、子供と動物について考えるうえで大切なことを、私たちに教えてくれる。

7

Heartbreak

スプリンクルズがわが家にやって来たのは、1999年の冬のことでした。生後6週目の彼は、白い毛がふわふわしていて、手のひらに収まりそうなくらい小さかったことを覚えています。2人目の子を妊娠中だった私は、長女ミーマのおねだりに応えるため、2月に仔猫を探していました。そのときに出会い、家族になってくれたのが、スプリンクルズでした。彼はサンタフェ市の動物シェルターで、完全な野良猫だった母親から生まれました。

それから何年にもわたり、スプリンクルズは私たちの小さな家族の絆をつないでくれました。息子サリームが生まれたときも、私がミーマとサリームの父親アフマドと離婚したときも、彼が助けてくれたのです。2010年に子供たちと私がデンバーに引っ越したときも、スプリンクルズが一緒でした。同じころ、私は現在の夫ジェイミーと付き合い始めました。

年を重ねると、スプリンクルズは関節炎に苦しむようになりました。私たちはさまざまな治療を試しながら、彼の痛みをコントロールしていました。そのかいあってか、1月に受けた18歳健診では、良好な健康状態と豊かな長毛に獣医が目を見張るほどでした。

ですが4月には、スプリンクルズの関節の痛みは悪化してしまい、階段を上るのも辛そうでした。食事のために階段を降りるときも、途中でよく休むようになり、食後のトイレのために階段を上ろうとしても、たどり着けないことがありました。5月の初めには、私が彼を抱きかかえて階段の上り下りをし、排泄物の片づけをするようにもなりました。トイレに連れて行くのが間に合わないと、リビングルームの床で漏らしてしまうからです。

動物病院では、痛みに耐えかねた彼の鳴き声が響きわたりました。私たちは胸が張り裂ける思いで彼を見守り、そして覚悟を決めました。もう眠らせてあげるときだ、と。ワシントン州に住んで大学に通う娘ミーマと、サンタフェ市に暮らす元夫アフマド――なにしろかつての飼い主ですから――はわが家にかけつけるためにフライトの予約をしました。最期は自宅で看取ってあげようと、みんなで決めたのです。獣医の往診予約も入れました。

その日が来ると、夫のジェイミーはサリームを連れて、ホームデポ［米国でチェーン展開する大手ホームセンター］に行き、埋葬に必要なものと一緒にお墓に植える花を買ってきてくれました。それから2人は、獣医が到着する午後5時まで、スプリンクルズのためにお墓を掘っていました。時間になると、私たちは全員でスプリンクルズを囲み、リビングルームの床に敷いたブランケットの上に寝かせました。ですが例によって彼は、最後の食事をせがみ、私たちをキッチンに向かわせました。糖尿病予備軍だった彼にとって、亡くなるまでの数週間は、食べ物が唯一の慰めだったのです。

獣医がスプリンクルズに鎮静剤を注入すると、私たちは彼のそばに横たわって、彼が安心して眠りに落ちるのを見守りました。意地っぱりなところもあったけれど、家族をどこまでも愛してくれたスプリンクルズ。私たちの心のなかは、彼の思い出でいっぱいでした。ほかの猫たちは人間たちの輪のすぐ外で、私たちが穏やかにお別れをすませて、彼が眠りにつくまで、じっと見守っていてくれました。スプリンクルズが息を引き取ると、アフマドとジェイミーが布にくるんで、お墓に入れました。それから、全員で土を戻し、スプリンクルズが生きた記念として花を植えました。

私たちはお墓の前に立って、いつも変わらず寄り添ってくれたスプリンクルズの死を悼み、涙を流しました。私は自分がいかに恵まれていたのか、そして恵まれているのかを思うと、驚かずにはいられませんでした。大人に成長したわが子たち、かつての夫といまの夫、ともに暮らす猫たち。私たち混合家族（ブレンディッド・ファミリー）の全員が集まって、心から大切に思うスプリンクルズを讃えることができたのです。彼は、私たち家族が大きくなるときに、やって来てくれました。そして、長い年月を通じて、家族が成長するときも、かたちを変えるときも、ずっと私たちとつながっていてくれました。

死は人生の一部ではありますが、心をひどく悲しませ、打ちのめす力を持っています。私は、スプリンクルズが迎えた穏やかな死を思うと、愛すること、支え合うことの大切さを強く心に刻まずにはいられません。愛しいスプリンクルズが旅立ってしまった、その悲しみはずっと続くでしょう。ですが、彼への感謝の思いと愛情も、いつもこの胸を満たしてくれています。

シャーリー・マクレーンのように、死は一時的なものであり、愛犬とまた一緒になれると信じている人もいるかもしれない――かつて彼女は「自分の望みがかなわない状況が想像できない」と発言して話題を呼んだが、その「望み」とは自分の犬にもう一度会うことだったのだろう。というのも、彼女は前世では愛犬と古代エジプトで一緒に暮らしていたと信じていたのだ。あなたが彼女のように前世や来世を信じるなら、子供にもそれを教えてあげればいい。だが、信じていないのに、子供のために信じたふりをしようとするなら、先に私が伝えたように、難しい状況に直面することになるだろう。どうか覚えておいてほしい。ペットを失って嘆いている子供は、悲しみの感情を抱えている。あなたがその動物をどう思うのか、ペットが犬なのか金魚なのかなどは関係ない。大切なのは、子供が純粋に悲しんでいることを認識し、子供の悲しみの感情を真剣にとらえ、尊んであげることなのだ。私のこの言葉に、ひとりでも「なるほど。そんなふうに思ったことはなかった。なんていい考えなんだろう」とうなずいてくれる読者がいたら、この本を書いたことも無駄にはならないと思っている。

さあ、もうおわかりだろう。ペットの死によって、子供はトラウマを抱えることがあるか。その答えは条件つきのイエスだ。もしも大人が死を軽んじるなら、子供の心には傷が残るだろう。皆さんのなかには、そんな大人なら、ほかのあらゆる機会でも子供にトラウマを与えるのではないかと考える人もいるかもしれない。だが、私はそうは思わない。なぜなら、私たちの文化では一般に、ペットの死を悼む行為をずっと笑いごとのようにとらえてきたせいで、あまり考えずにそういう振る舞いをする人が多いからだ。だが、ここ何年かでよい方向に変わってきていることは、私も承知している。とは言いつつも、まったく逆方向の事例をこれからお伝えするのだが（65年ほど前、そう、あの暗黒の時代の出来事だ）。

恥ずかしながら、この最悪の事例を提供するのは私自身の家族だ。私の母が猫を捨てようとしたのだ。経緯を説明しよう。当時、母は悩んでいた。夜に私と一緒に寝ていた愛猫ブーチーが私のパジャマの胸のあたり――母猫の乳首がある場所だ――に吸いつくのを見て、おかしな想像でもしたのか、ともかく戸惑っていた。私はもう12歳くらいだったので、窒息する心配もなかったのだが。ひょっとしたら母は嫉妬していたのかもしれない。理由はともかく、彼女はグリフィス天文台近くのわが家で暮らしていたブーチーを、裏の谷に連れて行き、捨ててしまったのだ。私はこのことを、ずっとあとになって父から知らされた。だから、いまでも最も心が痛むのは、家に戻ろうとしたブーチーが味わった恐怖を思うときだ――ブーチーはきっと、あっちでもない、こっちでもないと迷いながら、家に帰りたい一心で歩いたのだろう。そして彼は帰って来てくれた。母がブーチーを捨てたことを知ると、私のなかの母への思いや記憶も塗り替えられることになった。あの母が彼を約8キロも離れた場所に置き去りにしたのだ。私たちは再会を喜んだ。ブーチーはものすごい勢いでのどを鳴らしながら私の体に巻きついてきて、そばを離れようとしなかった。母から身を隠そうとしていたのだ。当時はその理由を知るよしもなかったが……。それから1週間くらいしたころ――これもあとで知ったのだが――母はブーチーをさらに遠い場所に捨ててしまった。今度はブーチーが戻って来ることはなかった。私は母の仕打ちをなにひとつ知らないまま、ブーチーを失ったことをひどく悲しんでいた。だが、あのときの母が私の悲しみに寄り添えたはずがない。彼女こそ、まったく必要のない悲しみを生み出した人物なのだから。私にとってこの体験はいろいろな意味で、事故で愛猫を失うよりも辛いものとなった。ブーチーが急に現れてベッドに入ってきてくれたら、そう願いながらいくつもの晩を過ごしたことを覚えている。もちろん、母が、戻って来られないほど遠くにブーチーを捨てた事実を知っていたら、もっと辛かったはずだ。私はブーチーの気持ちを想像して、打ちひしがれてしまっただろう。帰れる望みはないのに、家に帰ろうとするブーチー。わけもわからず、たくさん怖い目にあって……。また、母の冷淡さにも、とてもショックを受けたと思う。母の手でハリウッドの谷深くに連れて行かれた小さくて大人しいブーチーがコヨーテの餌食になるのは時間の問題だったはずだ。当時のロサンゼルス郊外ではコヨーテの姿がしょっちゅう目撃されていたのだ。

母が2人の子供たちの成長を心から望んでいたことは、もちろん私にもわかっている。「子供じみた動物愛」からは卒業してほしい、「ただの動物」を相手に悲しみをさらけ出す「滑稽な」姿は特に見ていられない——きっと母はそう思っていたのだろう。そう、つまり母は当時の文化に染まっていただけだったのだ（失礼！）。哲学者のケリー・オリヴァーは、一部の人たちが次のような見解を抱いていることを指摘している。「動物を愛することは、弱々しくなること、子供のようになること、病的になることと同義である。動物への依存を自覚している状態——ペットの所有者によく見られるように、特に感情的、心理的に依存している場合——は、ある種の神経症状態である。（中略）動物を友人や家族のように愛することは、よくても風変わりな行為、最悪の場合には、頭のおかしい行為と考えられる」[*6]

ブーチーに対する母の行為は、たしかに思慮に欠くものだった。だが、それだけではない。彼女はブーチーをハリウッドの谷に捨てたことで、喪失を悼む機会を私から奪ってしまったのだ。私はブーチーが以前のように帰って来てくれると期待して、いまかいまかと待っていた。だが、待っても、待っても、彼は戻って来なかった。やがて待ち疲れたとき、私は以前ほど世界を信じることができなくなっていた。愛する動物を亡くした子供に親がしてしまいがちな最悪の行為は、嘘をつくことだ。たとえば、子供に「動物たちは農場で暮らすために旅立った」と伝えたとしよう。子供は「どうして」の次には当然すぐに「いつ会いに行けるの」と聞いてきて、しまいには嘘がわかってしまうだろう。そして、そのときには子供はありのままの悲しみを感じる機会を失ってしまっているのだ。私の母は、ブーチーに関する話題をいっさい受けつけてくれなかった。きっと罪の意識がよみがえるのが嫌だったのだろう（母がせめて罪悪感は抱いていたと思いたい）。だから、私はひとりで乗り越えるしかなかった。だが、子供をそんな目にあわせてはいけないと思う。すべての子供が動物の死をそれぞれに合った方法で悲しめるように、私たちが導いてあげるべきだ。家族のほかのメンバーも悲しんでいること、気持ちをわかち合いたいと思っていることに気づかせてあげるのだ。動物を失ったとき、子供の心はとても傷つきやすくなる。初めての場合は特にそうだ。だから、ひとりで抱え込まないように、私たちが見守ってあげなければならない。

家族のペットを心から愛する体験は子供の精神を豊かにする、私たちがそう信じるのなら――それは疑うべくもないが――子供が愛する動物を永遠に失って絶望したときにも、寄り添ってあげる覚悟が必要だ。せめて子供たちに、これだけは伝えておこう。いまもこれからもずっと、私たちがそばにいると。

8

Should We Eat Our Friends?

友を食するべきか

私はかなり若いころから
動物を食べるようなことは
絶対にしなかった。
動物を殺すことは
人間を殺すことと同じである。
人間がこのことを認識する日は
いつか来るだろう。
——レオナルド・ダ・ヴィンチ

この本も終盤に差しかかろうとしているが、皆さんは犬や猫、鳥、馬などの動物の友を亡くす悲しみについて深く考えてきたことと思う。そこでお聞きしたいのだが、あなたは皿の上に友の顔がのっている光景を想像するのは気が進まないだろうか。たとえばディナーで食べようとしている鶏肉の正体が、長年ともに暮らしてきた鳥だったとしよう（多くの大型の鳥と同じようにニワトリも25年もしくはそれ以上生きる）。あなたはその鶏肉にフォークを突き刺すことができるだろうか。テーブルの向こうにいる人に、もも肉や胸肉ののった皿を回してほしいと頼めるだろうか。その胸肉が、子供のころ、悲しいときに唯一の友と感じながら撫でていたあの鳥の胸だとしても。「問題ない」と答える人も少しはいるかもしれない。だが、そういう人は少数派だと思う。たいていの人は友を食べるのをとても嫌がるだろう。ここではあくまで思考実験として書いているが、あり得ない話ではまったくないし、異様な光景でもない。ニワトリと絆を築く人はたくさんいる。牛や羊と心を通わせる人もいるし、豚と心のつながりを感じている人も多い。ともかく、それがどんな食用動物——ウサギはもちろん、ガチョウやヤギなど、農場で暮らすあらゆる動物——であれ、絆を感じている人たちはいる。私はこのテーマと向き合うために『豚は月夜に歌う』(英国版の書名は『*The Secret World of Farm Animals*〔農用動物の知られざる世界〕』)を執筆した。あらゆる農用動物には個々の性格があり、生きるに値する生活があり、友達や家族、子供、そして仲間がいる。彼らも私たちとまったく同じで、自分や愛する存在が無事に暮らせるよう力を尽くして生きているのだ。想像してみてほしい。食肉処理場で母親が殺されていく姿を目の前で見て、その瞬間の音を聞き、臭いをかぎながら、自分の番を待つ仔豚の恐怖を。心ある人なら、震え上がる仔豚が何も感じていないとはまさか思わないはずだ。仔豚は恐怖にのみ込まれてしまう。同じ目にあえば、私たちもまさにそうなるだろう。だが、この仔豚をこんな目にあわせる必要などまったくないのだ。肉を食べても、私たち人間と地球の死が早まるだけだからだ。このことはいまでは広く知られており、文字どおり何百もの優れた査読論文が機関誌に掲載され、事実を裏づけるのに十分な文献が揃っている。[*1]

植物由来の食事へ向かって

では、あなたと動物と地球にとって前向きな結果をもたらす道があるなら、そちらに進む決意をするのも難しくはないだろう。ここで「進む」と言ったのは、誰もが今日からヴィーガン［完全菜食主義者］になれるわけではないし、ヴェジタリアン［菜食主義者］への転向さえ難しい人もいるからだ。少し時間が必要なのだ。だから、まずは一歩を踏み出すことだ。たとえば次の習慣を取り入れてみてもいい。ひとつ目はヴィーガニュアリー――ヴィーガンとして1月（ジャニュアリー）の1カ月間を過ごしてみる。もうひとつはミートレス・マンデーズ――月曜日だけ肉を断ってみる。こうしたお試しのステップを踏むことで、少しずつ植物由来の食事に転向していけるだろう。私にとって「植物由来の食事」というのは、植物中心の食事ではなく、植物だけの食事を意味する。とはいえ、まずは初めの一歩を踏み出すだけでも、素晴らしいことだと思う。フードジャーナリストのマイケル・ポーランのモットー「食事は多すぎず、植物由来のものを中心に」がよく知られているが、これは「食事は多すぎず、植物由来のものだけを」と言い換えられるし、そうすべきではないだろうか。数年前に私がこの考えについて書いたときには夢見がちな作家として片づけられてしまったが、今日では世界中でますます多くの人たちが動物性食品の摂取を減らそうとしている。では、ここでヴィーガンの定義をあらためて確認しておこう。まず、動物由来の食材はいっさい摂らない。つまり、赤身肉も鶏肉も魚も卵も乳製品も蜂蜜も口にしない。また、革、毛皮、毛、絹などの動物由来の原料で作られた商品も使わない。どうだろう、論理的な考え方だとは思わないだろうか。ヴィーガンという生き方は極端な思想の結果としてではなく、必然的に生まれたものなのだ。あなたはこう思ったことがあるだろうか。人間のために乳を提供するメスの仔牛は生まれた瞬間に母親から引き離されて、きっと辛い思いをしているはずだ……。生まれたオスの仔牛を酪農場では役に立たないからといって、すぐに殺処分するのはおかしい……。雌鶏(メンドリ)たちを立つのもやっとなほど狭いケージに閉じ込めて、ひたすら卵を産ませるなんてやめるべきだ(ごく最近になって、孵化したばかりのオスのひな鳥が「用途がない」とされ、すり砕かれてペットフードにされていく実態も明るみになった)……。さあ、もう心を決めるには十分ではないだろうか。あなたも動物たちを苦しめてまで卵や乳製品を食べたくはないはずだ。スーパーマーケットで売られている卵や牛乳は無害に見える。だが、売り場に並ぶまでの過程は闇そのもので、ほとんど想像を超えたスケールで暴力が行使されている。勇気のある人は、インターネットで検索すれば牛やニワトリの飼育環境を映した実際の映像が見つけられるはずだ。より詳しい事情に踏み込んだ優れたドキュメンタリーも制作されている。たとえば『Cowspiracy：サステイナビリティ(持続可能性)の秘密』、『健康って何？』、『フォークス・オーバー・ナイブズ〜いのちを救う食卓革命〜』などが参考になるだろう。

想像力を広げる

私たちは、犬や猫やオウムを人間の食べ物として扱うことなどあり得ない、と思っている。それなら、もっと認知力と想像力を駆使して、一気にその対象をすべての感覚ある動物——つまり苦しみを感じられる動物たち——にまで広げるべきだろう。いまや誰もが認めているが、人間だけが痛みを感じたり苦しんだりするわけでも、体を傷つけられたくないと感じるわけでもないのだから。あなたの犬が恐怖に震えるところを見たことがあるだろうか。怒ったあなたに暴力を振るわれると察知したとき（つまり、そう勘違いしたとき）の犬の反応はまさに私たち人間と同じで、身体に危害を及ぼすあらゆる脅威から逃げようとする。なかでも死は究極の脅威なのだ。

ではどうすればいいかというと、とても単純な話だ。まず、あなたの犬や猫や鳥、あるいは魚でもいいので、その存在を思い浮かべ、自分がいかにその動物を愛しているか、失ったらどれだけ辛いかを思い浮かべてみよう。それから、その対象を一気にすべての動物たちにまで広げてみるのだ。想像力の限界を感じるかもしれないが、それでも試してみてほしい。世界中で毎日およそ30億もの動物たち（魚も含めれば）が食用として殺されている。米国だけでも毎日2500万もの農用動物が殺され、毎年90億羽以上のニワトリが殺されている。（「殺害されている」と書きかけて、いざ文字にするとおかしかったのでやめておいたが、実際は殺害行為そのものだ）。全世界で1年間に食用として人間に殺される動物の総数となると、もはや私たちの理解を超えている――毎年約3兆匹の魚（海が空っぽになる日も近いだろう）と、600億近くのそれ以外の動物が命を奪われているのだ。

肉を食べる理由

この現実を前にして、「自然なことだ」とか、「そういうものなのだ」（それがどんな結末を招くとしても）などと言えるだろうか。もちろん無理だ。そもそも人間はほかの動物を食するようにできているのかという議論はさておき、現生人類がユーラシア大陸に進出したころ（約5万年前）、私たちの祖先はたしかに肉を食べていた。だがそれもごく少量に限られたし、動物を殺める行為にはいくつもの禁忌や儀式が伴い、犠牲となった動物に謝罪の意を示すこともあった（今日でもオーストラリアのアボリジニ社会では、カンガルーを殺すことは非常に重くとらえられている）。ともかく、動物を殺してよい気分になれる人などほとんどいないのだ。

8
Should We Eat Our Friends?

2009年に刊行されたヴィーガンについての自著『*The Face on Your Plate*（あなたの皿の上の顔）』を執筆中、私は人々に試しに質問をしてみることにした。なるべく礼を失さないように気をつけながら、ヴェジタリアンもしくはヴィーガンになるのをためらう理由、つまり肉を食べる理由を尋ねてみたのだ。私自身がヴェジタリアンでいる理由をさんざん聞かれてきたので、今度は聞く側に回ってみたかったという気持ちもあった。人々の反応は興味深いものばかりだった。表情を失って「なんてバカなことを聞くんだろう」と言いたげに見つめ返す人もいれば、「みんなも肉を食べているから」と答える人もいた。とはいえ、これはかなり昔の話だ。今日では知人や、肉親にさえも肉を食べない人がいるという人がほとんどだし、誰もが食用動物に関する問題を知っていて、記事や映像からも情報を得ている。そのため、同じ質問をしても、返って来る答えはそう単純ではない。「みんなも肉を食べているから」という声は徐々に減り、そのぶんほかの理由が聞かれるようになってきたのだ。

「人間は常に動物を食べてきたから」という理由を主張する人もいるだろう。たしかにそれは紛れもない事実だ。だが、ならば次の理由もまかりとおってしまう。「人間は常に奴隷を従えてきたから」、「異質と見なした相手にひどい扱いをしてきたから」、「男性が女性よりも優れていると考えてきたから」、「本質的には人種差別主義者だから（自らの人種を好むという意味で）」……挙げればきりがない。もうおわかりだろう。人類が常に肉食をしてきたという史実は、肉食を続ける理由のたしかな論拠にはならないのだ。

現代において肉を食べる人たちの大半の理由は、もっと個人的なものだろう。たとえば「そのほうが楽だから」というもの。これには返す言葉が見つからない。「味が好きだから」も同じだ。その人に「動物が苦しむと知っても美味しく感じられますか」と聞いてみて、「はい」と言われたらやはりお手上げだ。だが「あまり考えてきませんでした」と返って来たら、いくらか話し合いの余地がありそうなので、「もっと深く考えてみる価値があると思いませんか、懸かっているものの重さを思えば」と続けてみればいい。というのも、あまり考えてこなかった人は、この最後の言葉に興味を引かれるに違いないからだ。「懸かっているものとはなんですか」と聞いてきて、そこから環境問題や健康問題の議論に発展するかもしれない。私としては、いちばん大事なテーマである動物の生命、いや、むしろ死について話し合えたらと思う。

「その動物がよい生活を送れたなら、人間のために迅速かつ痛みのない死を遂げても構わないと思う」と言う人もいるだろう。だが、この言葉は最初から最後まで問題だらけだ。まず、よい生活をどう定義すればいいのか。生活を生きるに値するものにしているすべて――友、伴侶、子供、歩き回る自由、そしておそらく最も大切な、本来生きられたはずの年月――を取り上げられた動物が、よい生活を送っていると本当に言えるだろうか。結局、よい生活かどうかを誰が判断できるというのだろう（他者の生活を生きるに値しないと断言できる人もいないのだ）。また、迅速かつ痛みのない死という発言は、ある意味で現実を否定しようとしている。動物が食肉処理場で殺されるところなど、私たちも本当は見たくないが、あえて目を向ければ、そこではバラ色からはかけ離れた光景が繰り広げられている。証拠映像も山ほどある。人間の過ちによって、極度の苦痛を伴いながらじわじわと殺されていく動物たち。これを恐怖の光景と言わずしてなんと表現できるのだろう。それだけではない。肉食生活が原因で、心臓障害や肥満、癌などの病気を抱えている人たちもいる。彼らが食用肉の恩恵を受けているのかといえば、首を傾げざるを得ない。

救える命たち

少し個人的な話になるが、私が動物を食べることにどう向き合ってきたのかを説明しておきたい。私は生まれたときからヴェジタリアンだったが、当時（私が誕生した１９４１年）は珍しかったと思う。両親が１９４０年代初期にヒンドゥー教にかなり傾倒していて、妹のリンダと私に肉をけっして食べさせないと決めたのだった。その後、私は１９６１年にハーバード大学に進学するのだが、ヴェジタリアン生活を維持するのがあまりに大変なことを知る。そして、まずはツナに手を伸ばし、それから徐々にあらゆる動物を食べるようになっていった。当時の私には食に関する倫理というものが頭になかった。ただ楽なほうに流されてしまっていたのだが、周りもみなそうだった。そう、私はあまり考えていなかったのだ。だが、そんな私も長い年月の間に少しずつ変化していき、25年前に自著『ゾウがすすり泣くとき』で動物の感情世界について書いている最中に、再びヴェジタリアンとして生きることを決めた。というのも、野生動物が人間とまさに同じ感情をとても深く体験することについて執筆しながら、ディナーでは動物の肉にがっつくなんて、さすがにおかしいと感じたからだ。だがその時点では乳製品や卵については、まったく何も考えていなかった。私が妻レイラと1994年に出会ったときは、2人ともヴェジタリアンだった。私はまだヴィーガンや植物由来の食事についてあまり知らなかったのだ（かつて一度だけ、メキシコ系労働活動家のシーザー・チャベスにつかの間会ったことがある。彼は卵や乳製品のほか、いかなる動物性食品もいっさい口にしないと言っていた。だがそれ以上のことは言わなかったので、当時の私には理由がわからなかった）。その後、農場で暮らす動物の感情世界について調べ始めてみてようやく、牛乳や卵がたくさんの苦しみのうえに生産されている事実を知り、すべての謎が解けたのだった。私は自分の良心に照らして、動物たちを苦しめる側にはいられないと感じた。動物性食品の原料や生産過程について考えなければ、動物を平気で食べ続けることはできたのかもしれない。だが、もう無理だった。一度知った真実を知らなかったことにはできない。それで私はヴィーガンになったというわけだ。実際にヴィーガン生活をしてみると、心配していたほど難しくはなく、自分の信念に沿って生きることで得られる心の平穏はとても大きいと感じている。私はヴィーガンになって17年になるが、もう元の食生活には戻らないと決めている。人生をともにする犬や猫などの動物を愛する自分と、動物を食べる自分とを切り離して考えたりしなければ、もっと早くいまの心境に至ることができたはずだ。いったいどれだけの命を救えたことだろう。PETA(動物の倫理的扱いを求める会)の推計によると、ヴィーガンになることで年間一人当たり198匹の動物の命を救えるという。これは驚くべき数字だ。肉の需要が減れば、殺される動物の数も減る。つまり世界中の人たちがヴィーガンになれば、食用として殺される動物は0匹になるはずだ。どうだろう、そんな世界なら目指す価値があると思わないだろうか。

9

Dogs in the Rest of the World

世界の路上で生きる犬たち

不当な仕打ちを受けた仔犬はそれを千年忘れない。
——中国のことわざ

私はこれまで、インドネシアのバリ島、中国、韓国、ベトナム、カンボジア、タイ、ラオス、ネパール、そしてインドを訪れてきた。これらの国々できまって驚かされてきたのが、さまざまな「street dog（野良犬）」たちの存在だ。[*1] それにしても「野良犬」というのは興味深い言葉だ。まず、「野良犬」は人間が誕生させたさまざまな血統犬よりも、狼から進化した「犬」の原型にずっと近い見た目をしていると思われるが、「野生の犬」ではない（ところで、なぜ世界中の人たちはインドネシアのオランウータンのことばかり深く心配しているのだろう。

バリ島原産の犬も同じく絶滅危惧種だというのに)。一方で、オーストラリアのディンゴは「野生の犬」といえる。彼らは私たちが歩み寄っても、喜んで尻尾を振ってくれないし、飼い慣らされることはあっても、生まれつき従順というわけではない。対照的に、インドの野良犬はいつでも人間の家族の仲間入りをする気が満々といった様子だ。ともかく、私が各国で見てきた野良犬たちは野生の犬というより、シェルターのケージのなかに座っている犬たちのほうに近く、誰かに引き取られて優しくしてもらうことを心待ちにしているようだった。「street dog(野良犬)」は主に路上(オン・ザ・ストリート)で暮らす犬を指す言葉だ。彼らはまさに「street people(路上生活者)」のように定住先を持たない。だが、路上生活者とは異なり、野良犬たちには家族がいる。彼らはほかの犬たちと緩い群れを形成して、祖先のように狩りこそしないが、同種の仲間と一緒に過ごす喜びを純粋に味わっている。だが私が驚いたのは野良犬に仲間がいることではない。野良犬と出会ったときの人々の反応が、長い年月をかけて変化してきたことだ。犬たちのほうは何世紀もの間、人間の家族の一員になりたいと願ってきたのかもしれない。だが、人間たちの姿勢が実際に変わってきたのは、ほんのここ20年くらいだろう。

バリの路上で起きたこと

バリ島に滞在中、人々が路上で犬（バリ・ヘリテッジ・ドッグたちだ——バリ島の土着犬は「遺産（ヘリテッジ）」という意味を込めてこう呼ばれている。遺伝的にもユニークな犬種で、ディンゴの血も引き継いでいる）を見かけるたびに、棒を投げつけていたことを覚えている。これはもう何年も前の光景だ。だが、２００４年に政府が血統犬の輸入を許可すると、悲惨な状況を引き起こしてしまった。バリ・ヘリテッジ・ドッグが輸入血統犬と交尾をするようになり、脈々と引き継がれてきた遺伝子がたちまち失われてしまったのだ。推計によると、バリ・ヘリテッジ・ドッグの数は２００５年以降に80％減少したという。原因は異種交配、狂犬病の疑いがある犬の殺処分のほか、のちに需要が拡大した犬肉の売買だ。一方で、私が最後にバリ島を訪れた２０１５年には状況は一変していて、人々は「野良犬」を自宅に引き取るようになっていた。番犬としてではなく、野良犬たちに心を寄せ、家族と一緒に暮らす友として迎え入れていたのだ。なぜここまで変化したのだろうか。ひとつにはバリ動物愛護協会（ＢＡＷＡ）という素晴らしい団体の功績がある。ＢＡＷＡは２００７年に米国人女性ジャニス・ジラルディによって創設された。彼女も私と同じようにバリ島の人たちが野良犬を扱う姿を目にして心を痛めていた。野良犬を自分ができるかぎり引き取ってみても長期的な解決策にはならない、そう悩んでいた彼女はあることに気がついた。人々が野良犬を怖がる原因の大半は狂犬病だったのだ。ならばバリ島のすべての犬に予防接種を受けさせれば、その恐怖も消えるはずだ。そこで彼女は果敢にもこの挑戦に身を投じ、見事にやってのけたのだった。

私はバリ島に滞在中、バリ・ヘリテッジ・ドッグを引き取ったニュージーランド出身の友人に会った。その犬は友人のオートバイの後ろによく座っていたのだが、何か興味を引かれるものを見つけると、飛び降りてしまい（どれだけスピードが出ていても）、数時間もしてからようやく好奇心が満たされると、谷にある友人宅に戻って来たという。ウブド（バリ島の文化的中心地）の町内のどこからでも、どれほど遠くからでも、道に迷うことはなかったらしい。そのバリ・ヘリテッジ・ドッグは犬の親善大使のような存在で、出会った人の誰からも愛されていた。

ジャニスの取り組みは、少しずつ目に見える成果として現れるようになる。より多くの人たちが、バリ・ヘリテッジ・ドッグを引き取りたがるようになり、犬たちも喜んで家族の仲間入りを果たしていったのだ。私はよく思うのだが、こうした国々の犬たちは、ひたすら待っているのではないだろうか。犬を迎えてともに暮らす人生の素晴らしさに、人間はいつになったら気づいてくれるのだろうか、と。いまのところ犬たちは野生化することも、人間に敵対心を持つこともなく、私たちが開眼するのを辛抱強く待っていてくれている。

ここまで読んでくださった皆さんは、野良犬に対する人々の態度がとても順調に変化していったかのように思われたかもしれない。だが、残念ながら実際はそうではなかった。2008年時点ではバリ島には推計約60万匹のバリ・ヘリテッジ・ドッグがいたが、狂犬病の流行とそれに伴う大量処分により、その数は約15万匹にまで減少してしまった。減少傾向に歯止めがかからなければ、バリ・ヘリテッジ・ドッグは絶滅の危機に瀕するだろう。私たちは喪失の対象が種そのものであっても、悲しみを感じるのだろうか。その答えはもちろんイエスだし、そうでなければならない。組織的な処分のほかにも、毎週数百匹もの命が犬肉の売買、残虐行為、病気、自動車事故、そして飼育放棄のために失われている。現状は悲惨そのものであり、バリ・ヘリテッジ・ドッグのような立派な動物が脅威にさらされているのだ。BAWAの素晴らしい取り組みをもってしても、年間にして推計6万から7万匹が食用として殺されているという。そうなのだ、人々の姿勢が変化しつつあるとはいえ、バリ・ヘリテッジ・ドッグが絶滅する恐れが十分にあることに変わりはない。その少なからぬ要因をつくっているのは、彼らの肉を食べたがる人々だ（あるいは食べる必要があると勘違いしているのだろうか）。

9

Dogs in the Rest of the World

忘れられた「遺産」

私はよく想像する。死を悼むことが許されない、あるいは奨励されない文化に身を置いたら、人はどうなってしまうのだろうか、と。犬と人間の関係についていえば、私たちは世界中で起きている大きな文化的な変化を目の当たりにしている。この流れは一時的なものではなく、ずっと続くだろう。もちろんいつの時代にも犬との心のつながりを感じる人たちはいたし、なんといっても犬と人間は少なくとも2万5000年前から一緒に暮らしてきた。だから、大半ではないにしても多くの人たちが、犬の死を悼む心を持っていることに疑いの余地はない。だが、追悼行為がただの感傷やそれ以下と見なされ、奨励されていない、あるいは過去に奨励されてこなかった文化(バリ島、中国、韓国のほか、実は欧州にもそうした国々はある)では、どういったことが起こるのだろうか。

問題のひとつは、バリ島の人たちが自らの遺産(ヘリテッジ)の一部を忘れてしまっていることだ。バリ島はインドネシアに属する島だが、イスラム教徒が大半を占める同国のなかで、バリ島民だけがほぼ全員ヒンドゥー教を信仰している。彼らは伝統として、ヒンドゥー教が誇る大叙事詩『マハーバーラタ』に収録された犬にまつわる重要な物語(「バガヴァッド・ギーター」)を読んでいるはずだ。『マハーバーラタ』は長大な書物で、史上最も長い詩と言われることもある。サンスクリット語のおよそ20万行（単語にして約200万語）の詩節から成り、成立年代は紀元前5世紀から紀元1世紀の間とされる。大学と大学院でサンスクリット語を専攻した私はその大半を読んでいるが、最も心打たれたのは犬が登場する物語「バガヴァッド・ギーター」だった。この物語だけで1冊の本が書けてしまうほどの内容ではあるが、要旨だけでもここで紹介しておこう。

両軍を滅ぼすほどの大規模な戦いを終え、王国を束ねるパーンダヴァ軍の戦士たちはすっかり幻滅していた——戦いだけでなく、世界そのものに対しても。そこでパーンダヴァ軍の指導者たちは天界に達するべく、ヒマーラヤ山に向かった。そこに1匹の迷い犬が加わる。当時、犬は乞食同然に扱われていたが、ユディシティラ王はこのやせた犬に愛情を抱き、一緒に連れて行くことにした。だが弟たちやその共通の妻ドラウパディー（一妻多夫制だった）は次々と脱落していってしまう。彼らは天界に値しないとされたのだった。ユディシティラ王はそのたびに理由を明らかにしていく。ドラウパディーは夫のひとりアルジュナをひいきしている（すべての夫を平等に愛すべきにもかかわらず）、双子のナクラとサハデーヴァは整った容姿にうぬ惚れている、ビーマは屈強さを自慢に思っている、アルジュナは弓の名手であることを鼻にかけている……。こうした道徳的な欠陥のせいで、彼らは天界に達することができなかったのだ。

そして、小さな迷い犬とユディシティラ王だけが北へ向かう旅を続けた。そう、残ったのは、憐れみ深く温厚な王——大規模な戦いによる殺戮を防ごうと全力を尽くした果てに戦意をすっかり喪失したユディシティラ王——、そして忠実な犬だけだったのだ。彼らが天界の門にたどり着くと、高潔な王を天界に迎えるべく戦車が現れる。ユディシティラ王は戦車に足を踏み入れようとした。犬もぴったりと付いて来る。だが、戦車の御者は犬を引き止め、犬を天界に入れることはできないと告げる。そのとき、ユディシティラ王は鮮やかに説いてみせた。この犬が長い旅路を通じてどれほど忠実であったか、そして、そのような犬を置き去りにするなら自分も天界に達することはできない、と。王がこの崇高な言葉を語り終えるや、犬は自らがほかならぬダルマ神——死と平等の神——であることを明かし、王の優しさと寄り添う心を称賛したのだった。

この物語が非常に愛されていることを思えば、それを聞いて育ってきたバリ島の人たちの胸には、犬にまつわる教訓が刻まれているはずなのに……。皆さんはそう感じたかもしれない。まあ、それはともかく、『マハーバーラタ』に教えられるまでもなく、私たちは犬が忠実なことを知っている。そんなことは誰もがわかっているのだ。だが、バリ島の人たちには思い出してもらう必要があった。そして、そのための啓蒙活動こそが、あの素晴らしい団体BAWAが取り組んでいることなのだ。

数千年にわたる犬食文化

犬を日常食と見なす文化圏に目を向けると、より複雑な事態が見えてくる。世界中で食用として殺される犬は年間約2500万匹に上る(そのうち2000万匹が中国国内だけで殺されている。違法であるにもかかわらずだ)。ここでは中国、ベトナム、韓国について見ていきたい。いずれの国でもレストランで犬の肉が提供されていることを実際に確認しているが、特に地方でその傾向があるようだ(ポリネシアのトンガ王国を訪れた際にも犬食の伝統があり、広く受け入れられている様子が見て取れた)。これらの国々における犬食行為に関する研究はそれほど多くないため、その「習慣」が始まった時期は定かではないが、少なくとも中国と韓国では数千年前にさかのぼるようだ。私は中国、ベトナム、韓国の人々と犬食について話してみて、彼らがこの問題を語ることに心から抵抗を感じていることを知った。彼らは声を揃えてこう打ち明けてきた。普段から犬食をしている人たちは、レストランで出される犬肉に観光客がぞっとしているのを見て初めて、恥ずかしさを感じるようになる、と。だが、もちろん彼らにも言い分がある。あなたたちだって豚を食べるではないか、豚だって犬と同じく高い知能を持っているのに……というわけだ。たしかに事実ではある。だが、人々が犬食に反応してしまうのは、犬が高い知能を持っているためではなく、むしろ犬の特性のためだろう。まさにインドの大叙事詩『マハーバーラタ』が犬をとても忠実な動物として描いたように、あらゆる文化において――犬食の習慣がある文化も含めて――人々は犬の美徳を知っているのだ。人々は犬の肉を食べるかもしれないが、後悔と悲しみで胸の痛みを感じないはずがない。いや、ひょっとしたら、感じていないのだろうか。あるジャーナリストがまさにこの件について人々に取材している。その記事では、中国の江蘇省泰州市に暮らす老齢の男性が過去の思い出を語った様子がこう描かれている。「その男性は、どの犬を皿にのせるかを選べる冬が待ち遠しかった、と語っていた。まるでシーフードレストランで調理してもらう魚を選ぶかのような口調だった」[*2]（皆さんのなかには魚を選ぶのも嫌だと思う人もいるだろう――私自身、子供心にも見るに堪えないと感じていた光景がある。父がとても「新鮮な」カキ、つまり生きたままのカキを食べる姿にぞっとしていたのだ）。ケージのなかで悲しい顔をして、食用に殺されるのを待つ犬たち……不運にもそんな彼らの写真をネット上でたくさん見てしまった人なら、ここで私がお伝えしたいことはお察しだろう。犬たちは当惑した表情をしている。だが、攻撃心のなさそうな人間がケージに近づくと、ためらいながらも尻尾を振ってしまうのだ。そう、犬たちはやはり私たち人間の伴侶になるべく設計されている。食べ物になるために生まれてきたわけではない。

犬たちが悲しみ、呆然とし、おびえていることは明らかだ。彼らの顔にそうはっきりと書いてあるのだから、その感情や心理を思わずにはいられない。私たちは擬人観的な思考から、犬たちの苦しい胸の内を認識しているのではない。ただ共感しているのだ。おそらく彼らは自らが殺害されることに気づいてはいないだろう――殺害という概念自体がないのかもしれない――だが、なにかひどいことが起こることは感じ取っていて、とてつもない恐怖に震えている。そんな犬たちを見るのも想像するのも、耐えがたいことだ。だが歓迎すべき動きもあって、こうした犬食習慣のある社会には必ず動物擁護団体が存在し、文化を変えていこうと真剣に取り組んでいる。擁護団体はときには（最近ではベトナムで）、何百匹もの犬をのせて食肉処理場に向かうトラックを止めることも辞さず、強制的に犬を解放させてシェルターに連れて行き、そこで引き取ってくれる家族を見つける（あるいは見つけようとする）のだ。

韓国のヌロンイ

韓国にはヌロンイと呼ばれる黄色の被毛をした特殊な犬がいる。同国では誰もがその犬のことを食肉や薬の原料として見ており、ペットとして扱う人はまったくいない。ヌロンイの起源は定かではない。オーストラリアのディンゴのように韓国土着の犬なのか、それとも単に「village dog（野良犬）」あるいはインド人のいう「pariah dog（パリア犬）」［インドから北アフリカに分布する野良犬」なのか、バリ・ドッグのような犬なのか……。アジアの多くの国々に、ヌロンイのような犬がいる（おそらくアジアで犬の異種交配が始まった時期がヨーロッパよりもかなり遅かったためだろう――中世にはヨーロッパにもヌロンイのような犬が存在していた可能性がある）。こうした犬たちはいつも人間からある程度避けられてきた。もちろん、起源といってもかなり遠い過去（犬が人間と「ともに」暮らしていた1万5000年から4万年前）にさかのぼるので、彼らがもともとは人間にとってどんな存在だったのかを知ることはできない。おそらく役割はひとつではなかったはずだ。子供にとってはきょうだいだったかもしれない。仔犬なら、女性にとってはまさに子供と同じように庇護して養ってあげるべき無力な生き物だっただろう。男性――少なくとも一部の男性――にとっては相棒だったり、番犬や狩りの助手を務めてくれる存在だったり、あるいは悲しいことに食べ物だったりしたのかもしれない。ひとつたしかなのは、当時はかわいらしい、あるいは目を引くような特徴を持つ品種はいなかったし、誕生させようともしていなかったことだ。それこそが世界中の「village dog（野良犬）」たちの見た目が似ている理由でもある。好みの外見の犬を作るために交配するという考えが生まれたのは、ごく最近のことなのだ。それを思えば、ヌロンイのような犬たちがいつも人間から避けられてきたという見方は、間違っているのかもしれない。結局のところ、こうした「street dog（野良犬）」――というのか、呼び名はなんでもいいが――こそが人間が狩猟採集民だったころから一緒に暮らしてきた「元来の」犬であったに違いないからだ。韓国のヌロンイの感情世界も、ほかの犬たちのそれとなんら違わないように思えてならない。彼らも人間の家族の一員になりたいと願っているはずだ。だが悲しいことに、その願いはけっして叶うことはない。

犬を供する祭り

中国の広西チワン族自治区玉林（ユーリン）市では、毎年夏至を迎える時期に「玉林犬肉祭り」が開催されている。2009年に始まったこの悪名高い「祭り」では、少なくとも1万から1万5000匹の犬（と猫）が殺され、その肉が供される（こんな露骨な残虐さを許容する祭りがあっていいのだろうか）。近年ではこの祭りに対し、中国内外から激しい抗議の声が上がっている。というのも、家できちんと飼われていた首輪を着けたままの犬たちが、明らかに誘拐されて連れて来られている様子が、多くの動画や写真によって伝えられているからだ。犬たちは完全にこわばった表情を浮かべている。何が起こるのかはわかっていないのかもしれない。だが、嫌な予感がどうしても消えず、必死で人間の友達を探しているのだ。そんな彼らの姿を目にしたら、あなたも涙せずにはいられないはずだ。「私は先月末に玉林市を訪れた」そう語るのはピーター・リー氏、ヒューストン大学ダウンタウン校の東アジア政治学准教授だ。2015年6月に香港紙『サウス・チャイナ・モーニング・ポスト』

に掲載され、広く話題を呼んだ記事でリー氏はこう述べている。「私が目にしたのは、市を挙げて毎年恒例の大虐殺の準備を進めている光景だった……食肉処理場のある市営の洞(ドン)口(クウ)市場に、四川省から出荷された新たな犬たちが届いたところだった」。リー氏はこう続ける。「荷から降ろされた犬たちはやせ衰え、脱水状態でおびえていて……犬も猫もいた。その多くが首輪を着けていて、家庭のペットを思わせる振る舞いをしていた」

俳優のリッキー・ジャーヴェイスが当時ツイートした言葉が、まさに私の思いを代弁してくれている。「無神論者も信仰者もヴィーガンもハンターもみんな同じ意見のはずだ。犬を苦しめて生きたまま皮をはぐなんて間違っている」。彼がここで指摘しているのは、犬を叩き殺す、あるいは生きたまま皮をはぐという、犬たちに最大の苦しみを与える殺し方のことだ。なんと、そうすることで犬肉の風味が増すと信じられているのだ。まったく、胸が悪くなってくる。まるで古代からアブグレイブ刑務所での米兵によるイラク人虐待に至るまで、あらゆる戦争できまって行われてきた拷問と同じではないか。こんなことでは、人間と同盟を組むことが根本的な過ちだったと思い悩む犬がいても、不思議ではないだろう。イラク人を虐待していた兵士のなかには、愛する犬を亡くして嘆き悲しんだ人たちもきっといたはずだ。だが「ほかの」人種の人間を前にすると、なぜ共感を抱けなくなってしまうのだろうか。

私が悲しくてたまらないのは、食用に殺される多くの犬たちの死を悼む人がほとんどいないことだ。犬たちの一匹一匹に一生の物語があり、歴史があり、生まれてから死ぬまでの生活がある。その一つひとつを私たちがつぶさに見て、祝福してあげるべきなのだ。私たちはペットの死を悼むことで、彼らの個としての存在、そして私たちの人生を豊かにしてくれたその生き様を胸に刻んでいる。食肉用に殺されていった犬たちも、ペットとして誰かの家族になっていたかもしれないのだ。

この章の朗読を数人の友人たちに聞いてもらったところ、ひとりから異論が上がった（いつかは上がると思っていたが）。「中国であれだけひどい事態がたくさん起きているのに、なぜ犬や猫の置かれた状況だけに憤慨しているのか」と言うのだ。その友人が引き合いに出したのは、新疆ウイグル自治区の人口の約45％を占めるイスラム教徒たちに対する弾圧だ。2018年8月のBBCの報道によれば、中国政府が「ウイグル自治区を大規模な収容キャンプのようなものにしている」との報告を受けて、国連の人種差別撤廃委員会（CERD）のゲイ・マクドゥーガル委員が懸念を表明したという。友人はこう言いたかったのだろう。あの恐ろしいキャンプの規模を考えれば（明らかに100万人は収容できる）、1万5000匹の犬が殺されたからといって、文句を言っている場合ではない、と。だが私としては、ひとつの残虐行為がほかの残虐行為を取り消すことはないと考えている。私たちは両方に憤慨することができるのだ——犬が殺されることにも、ウイグル族が弾圧されていることにも。もしかしたら、この2つはつながっているのかもしれない。犬を殺すことに対して無情になれる人は、自分とは異なる人たち——つまりここではウイグル族——に対してもたやすく無情になることができる、そう考えてみることすらできるだろう。というのも、私には中国の保護犬活動家が、ウイグル族の弾圧問題に少しの懸念も持たないとは思えないのだ。世界では、いつの瞬間も悲惨な問題が起きている。だが誰もがいつでもすべてに関与できるわけではない。私たちは能力や興味関心に応じて、自分が向き合うべき問題を決めているのだ。私はこのどちらの問題についても理解するのがやっとだが、犬の問題についてだけは書くことができる。それでさえ、自分の限られた能力のせいで躊躇しながら筆を進めているくらいだが……。ともかく、私たちが何かの問題に対して行動を起こしていること、何よりそれが大切なのではないだろうか。

変化の兆し

ベトナムでは（韓国や中国、カンボジアでも）、保護犬を家族に迎え入れる人たちが増えている。とはいえ、残念ながら大半の人たちが飼いたがるのは純血種の犬（あるいは西洋犬と呼ぶ人たちもいるらしい）——プードル、ジャーマン・シェパード、イエロー・ラブラドール・レトリーバーなど——であり、まるで野良犬は別の動物であるかのような扱われ方だ。だがもちろん野良犬は別の動物ではない。彼らは犬なのだ。だから、こちらが愛情を込めて世話をしてあげれば、本来の犬らしさを取り戻して、私たちのために生きる伴侶になってくれるだろう。そして私たちのほうも多くの場合、彼らのために生きるようになる。どうだろう、まさにウィン・ウィンの提案ではないだろうか。

ある中国人ジャーナリストによるネット記事を読んだ。彼女はとても幼いころに、両親から仔犬をプレゼントされた。ほぼお決まりの結果として、その仔犬は彼女の大親友かつ腹心の友（犬は絶対に秘密を漏らさないのだ）となった。ある日のことだ。学校から帰って来た彼女は、自分の犬が裏庭の調理台の上につるされ、まさにスープにされるところを見てしまった。彼女はこのトラウマを克服することはできなかったという。ほとんどの子供はこんな光景を目にしたら、生涯消えない影響を受けてしまうだろう。だが幸いなことに、時代は急速に変わりつつある。中国だけではなく、犬たちが人間と暮らしをともにするほぼすべての国や地域において、変化が起きている。カンボジアやラオスや韓国では、愛犬の追悼儀式に参加する家族をよく見かけるようになった。犬肉の宴会の席に着く家族よりもずっと見慣れた光景になりつつある。きっと犬たちは、私たちに人の道を教えるためにこの世に遣わされたのだろう。思ったよりも、少しばかり長い滞在になってしまっているのかもしれないが。

10

Rage Against the Dying of the Light: The Psychology of Grieving for an Animal

絶えゆく光に向かって
悲嘆の心理

かつて心から喜びを感じたものを、
私たちが失うことはけっしてありません。
深く愛したものはすべて
私たちの一部になるからです。
——ヘレン・ケラー

犬も人間と同じように、死の瞬間には実にさまざまな感情を見せる。犬の最期に立ち会った友人たちが寄せてくれた声をいくつか紹介しよう。

「最後まで必死に頑張ってくれた」

「疑うような目で私を見つめながら、『なぜこんなことになるの』と訴えてきた」

「くんくん鳴いて、絶望的なまなざしを向けてきた」

「心穏やかな様子だったけれど、とても悲しそうだった」
「体じゅうをぶるぶると震わせていた」
「ほっとしたみたいに、ただふっと息を吐いた」

だが、犬がこれだけさまざまな反応を見せても、友人たちが口にする言葉は同じだ。彼らはみな「胸が張り裂けそうだった」と打ち明ける。

なぜ私たちは犬の死をこれほど強く悼むのだろうか。それは犬が人間と同じくらい（あるいは先述したように、人間よりも）深い感情世界を持つことを、私たちが知っているからだ。愛情を注げば愛情を返してくれる。強い思いには強い思いで応えてくれる。それが犬たちなのだ。だからこそ、私たちはごく自然にこう感じてしまう。人間が犬の死を悼むように、犬もまた人間の死を悼むのではないか……犬たちも「彼らの」人間を亡くしたら途方に暮れてしまうのではないか、と。もちろん、そう思わせる事例はたくさんある。古くは忠犬ハチ公――1925年に人間の伴侶（ヒューマン・コンパニオン）を亡くしてから9年間、その帰りを毎夕欠かさず渋谷駅で待ち続けた秋田犬――がいた。そして、その現代の姿ともいえるのがマーシャだ。彼女は2014年にともに暮らしていた人間に付き添って、シベリアのコルツォヴォにあるノボシビルスク州地域病院№1にやって来た。だが、その人物が入院したまま帰らぬ人となっても病院で待ち続け、マイナス20度を下回る冬の寒さのなかでもそこから離れようとしなかった。1年後、病院スタッフはついに彼女を看板犬として迎え入れた。いまではマーシャは闘病中の人や最期が迫る人を訪れ、犬だけが与えられる癒しをもたらしているという。[*1] 犬たちは当然ながら、状況を説明されても人間のようには理解することができない。深い感情に揺れている犬に、事情を説いて納得させることなどできないのだ。子供の場合は「『あなたの』犬は少なくともあなたを失う悲しみを知らずに旅立った。逆にあなたが先に旅立っていたら、悲しむのは犬のほうなんだよ」と教えてあげれば安心してくれることもあるという。猫や犬と暮らす高齢者は、いつかひとり遺された動物が悲嘆に暮れてしまう日のことをとても心配している。カール・ラガーフェルドほどではなくても——彼は生前、バーマン種〔ミャンマー産の長毛の猫。サファイアブルーの瞳を持つ〕の愛猫シュペットに数億ドルの遺産を相続させる意向を示していたという（金に興味があるのは人間という動物だけだということを忘れてしまったのだろう）——彼らは動物たちを完全にひとりにはしたくないと思っている。残された犬や猫の悲しみを和らげるために、私たちにどれだけのことができるのだろうか。

自分の心に従って悼めばよい

一方で、人間には理屈で説明できるのだろうか。犬や猫を亡くしたばかりの人にどんな言葉をかければいいのだろう。こんなときに、人間の死にまつわる決まり文句を持ち出してみても、すべてむなしく響くだけだ。私は精神科医エリザベス・キューブラー・ロスが唱えた、人間が死を受容するまでの5段階説——否認と孤立、怒り、取引、抑うつ、受容——を特に支持してはいないが、これを動物の喪失体験に当てはめることにも違和感を覚える。そもそも私たちは通常、死を「否認」することもなければ、死に対して「怒り」の感情を抱くこともない。「取引」だってしない。「抑うつ」、これは「悲しむこと」の言い換えだろうか、それなら理解できる。そして「受容」だが、ほかに選択肢があるだろうか。この説のどこが優れているのか、私はどうにも首を傾げてしまう。

本書で取り上げたほかのテーマについても言えることだが、伴侶動物の死をどう悼むのかは、完全に私的かつ個人的に決めることなのだ。彼らと過ごした人生を讃えるときと同じように、自分の心に従えばいい。あなたに処方箋を出してあげられる人はいないのだから。「正しい」悼み方などないし、人はみなそれぞれに悲しみに向き合っている。あなたの「深刻な悲しみ」を大げさに感じて、数週間で立ち直るべきだと思う人たちもいるかもしれない。それなら、そう思わせておけばいい。これは他人が判断することではなく、あなた個人が決めることなのだ。私はフロイト派の精神分析家として10年の訓練を経て、愛の専門家などいないことをはっきりと悟った。悲しみにしても同じではないだろうか。

私たちの心をさらに悩ませること。それは愛する動物たち――特に犬や猫たち――に対する「最後の決断」つまり、安楽死の判断をしばしば求められることだ。安楽死については先の章でも取り上げたが、その決断はけっして軽いものではないことを、ここでもう一度お伝えしておきたい。ほかに選択肢がないと感じていたとしても（たとえば動物が耐えがたいほどに苦しんでいて、症状が緩和される見込みも、自然な最期を迎えて痛みから解放される見込みもない場合）、とてつもない罪の意識に苛まれるはずだ。その点においては、キューブラー・ロスの言うとおりだ。罪悪感を「否認」するのは間違っている。辛いのは、あとで振り返ったときに、安楽死は不可避ではなく実際にはほかにも選択肢はあったと感じてしまうことだ。そうなると、罪の意識はいっそう重くのしかかる。だからこそ、愛する動物の命を終わらせる決断を下す前に、とても慎重に考えることが極めて大切なのだ。たとえばこう自問してみたらどうだろうか。「もし自分が彼らだったら、たったいま人生を終わらせたいだろうか、あるいは、愛する人たちとの時間はもういいから、とにかく楽にしてほしいと思うだろうか」と。

私のいくつかの別れ

先にもお伝えしたが、息子たちはキアとオラという名の2匹のラットに心から愛情を注いでいた。オラは家のなかを走りまわっていて、私たちの寝室にも入って来ようとするので、安全が確認できたとき――つまり猫たちが別件で席を外しているとき――には入れてあげることにしていた。ある日、オラの姿が見えず、私たちはみなとても動揺してしまった。その夜、レイラと私がベッドで読書をしていると、何かがシーツをそっと引く感触があった。オラだ。ベッドに入って来ようとしている。だが私たちがオラに気づくやいなや、すばやく動いたのはメガーラ、わが家のベンガル猫［ヒョウのような斑点柄の大型猫］だった。オラの上に乗って、お腹に爪を食い込ませている。助け出そうとしたが間に合わなかった。すでにオラは即死していたのだ。恐怖によるショック死だったのかもしれない。私とレイラは難しい決断に直面することになった。息子たちに真実を伝えるべきか。そうすればオラの姿を探すのをあきらめてくれるけれど、メガーラの捕食者としての顔を知って嫌ってしまうかもしれない。あるいは秘密にしておくべきか……。結局、私たちはオラの悲しい最期について、息子たちには伝えないことにした。彼らはオラがいないことを長い間悲しんでいた。悲しむだけ悲しませてあげよう、私もレイラもそんな思いで見守ることにした。

なんとも筆が進みにくいのだが（そう感じる理由は実はわからない。ある意味で衝撃を受けたからだろうか）、このラットの物語には後日談がある。妻のレイラも、息子たちと同様にオラに心から魅了されていた。そんな彼女が最近打ち明けてくれたのだが、なんとオラが殺されたとき、実の父親を亡くしたときよりも泣いたというのだ（皆さんは彼女が父親を好きではなかったことをお察しかもしれない。それでも、情緒的に非常に成熟した感受性豊かな大人の女性が、父親の死よりも、ラットの死に長く涙したという事実。これは驚くべきことではないだろうか）。

ニュージーランドのオークランド市近郊のカラカ湾岸に住んでいたころ、わが家には2羽のニワトリ――雄鶏（オンドリ）と雌鶏（メンドリ）――がいて、ほかの動物たちとともに家族として暮らしていた。ニワトリたちは私の執筆活動に特に関心があったようで、パソコンで原稿を書いていると、よく肩に乗ってきて、作業が終わるまでずっとそうしていた（当時書いていた本は『*Raising the Peaceable Kingdom*〔平和の王国を築く〕』というタイトルで出版された）。ニワトリたちのもうひとつのお気に入りは、私たちとベンジー、そして4匹の猫たちと一緒にビーチを散歩することだった。猫たちは、ニワトリの体格が自分とそう変わらないと見ると、ちょっかいを出そうとはしなかった。だからといって、心の交流を図ろうとするわけでもなかった。そう、私の淡い期待もむなしく……。ところが危険の種は別のところにあった。ニワトリたちは犬をまったく恐れなくなっていたのだ（ベンジーはもちろんニワトリたちのことも愛した。出会った生き物はもれなく愛するのが彼なのだ）。これがいつか悪い結末をもたらすのではないかと私たちは気が気でなかったが、その不安は的中してしまうのだった。ある日、みんなで散歩をしていると、1匹の犬がすごい勢いでビーチを走って来て、ニワトリたちを見つけるなり追いかけ回してきたのだ。ニワトリたちは全速力で逃げようとしたが、家にたどり着く前に2羽とも捕まってしまった。すぐあとを追いかけていた私が助けられなかったら、確実に殺されているところだったが、どうにか軽い傷を負うだけですんだ。息子たちは動揺していたが、無理もないだろう。もうニワトリたちを危険にさらすことはできない、森のなかを自由に歩ける場所で暮らさせてあげよう、そう決断した私たちは、ニワトリたちを別の家に引き取ってもらうことにした。最後にニワトリたちの様子を聞いたところでは、彼らには子供がいて、孫がいて、ひ孫がいて、玄孫がいて……とにかくたくさんの家族ができたようだ（なんといってもニワトリの寿命はほかの多くの鳥と同様に20年にも及ぶ――つまり、人間が飼育するニワトリが短命に終わる原因はただひとつ、ともに暮らす相手としてでなく、食事の提供者として扱われてしまうためだ）。

幸せな運命が待っていたのはHohepa（ホヘパ）（マオリ語で「ヨセフ」を意味する）も同じだ。大柄のダッチ・ラビット［体毛の一部が白い黒ウサギ。通称パンダウサギ］の彼もまたわが家の「平和の王国（ピースブル・キングダム）」の一員として、私たち人間やほかの動物たち（メナジェリー）［動物園で見せ物となる動物の群れ。旧約聖書の「イザヤ書」11章では「平和の王国」でさまざまな種の動物たち（メナジェリー）が共存する様子が描かれている］と仲睦まじく暮らしていた。なかでも彼が親しくしていたのは、タマイチという名ののんびり屋のラグドール［白い長毛とブルーの瞳を持つ大型猫］だ。彼らは夜には寄り添って眠りにつくのだが、タマイチは朝までずっ

10

Rage Against the Dying of the Light

と大事そうにホヘパの肩に片腕を回していた。私たち家族はそんな彼らの姿をいつまでも写真に撮り続けたものだった。だが、ホヘパもまた犬への恐怖心を完全に失い、ビーチでの気ままな散歩に興味を示し、特に人気のない静かな夕方には嬉々として付いて来るようになった。心配だったのは、いつかほかの犬に見つかってホヘパの身に危険が及ぶことだった。彼をニワトリたちと同じ目にあわせたくない。そう考えた私たちは重い気持ちで――あれほど愛情あふれる動物の一大事なのだから当然だ――決断をした。ホヘパに安全な場所に移ってもらうことにしたのだ。彼の新たな住まいはオークランドのはるか北方にあるザ・ツリー・ハウスというバックパッカー向けの宿泊ロッジだ。ホヘパは新天地での暮しを満喫してくれたらしい。日中はテラスに座って宿泊客を出迎え、夜には食べ物を求めて森のなかを探索して過ごしていたという。だが、ある日から彼は戻って来なくなったそうだ。私たちはその知らせを聞いても、誰ひとり悲しもうとしなかった。そうなのだ、その意味ではキューブラー・ロスは正しいのかもしれない。私たちはホヘパの死を「否認」したのだから。戻らないことをホヘパ自身が選んだと信じてさえいれば、彼の死を悼むという苦しみを背負わなくてすむ。だから私たちは信じていたかった。彼は無事で、相変わらず愛くるしい姿で生きていて、いまは人間と暮らしていないだけだと。

孤高な猫、自由な犬

こうした体験は私たち、つまり人間という種にとっては辛いものだ。私たちはこの動物と人生をともにしたいと心に決めたら、相手も同じ気持ちでいると信じたくなってしまう。だが、もしそうでなかったら……。犬の場合は、長年ともに暮らした人間に「さらば(アディオス)」と告げて去っていくことはまずないと思う(少なくとも私は聞いたことがない)。だが、猫の場合は珍しくない。ほかの誰かと暮らす、あるいは完全に人間から離れて暮らす——つまり野生に返る——ことを自ら選ぶ猫もいるのだ。カラカ湾岸の家で一緒に暮らしていた赤毛の猫ミキがまさにそうだった。彼を失ったとき、私たち家族はみなショックを受けた。ミキはたっぷり愛されて、すっかり甘えん坊になっていた。だが同時に不思議なほど強い独立心を持ち、こちらの言うことはなにひとつ聞き入れなかった。ある日彼が姿を消したことがあった。だが、まもなく2軒先の隣人から連絡があり、彼の家にミキがやって来て居座っていると教えてくれた。私はミキを連れ戻した。だが、ミキは翌日にはまた隣人の家に行ってしまった。再び連れ戻してみても、結果は同じだった。つまり、ミキのメッセージははっきりしていた。「ぼくが一緒にいたいのは彼らであって、あなたたちではない」ということだ。ただ、言わせてもらえば、その家の男性は猫が好きではなかった。だから、もちろんミキは彼の枕で並んで寝ようとしたのだが、最初の1週間は毎晩どかされていた（やんわり表現するならば）。だが、ついには猫恐怖症（キャット・フォビア）の彼のほうが観念することになったそうだ。彼とミキはとても親しくなったが、その関係も永遠には続かなかった。またしてもミキが突然かつ謎めいた行動を取り、隣人の家を出て行ってしまったのだ。今度は数ブロック先の家で私たちはミキを見つけたが、やはり連れ戻すことはできなかった。そのあと、ミキはついにどんな人間とも一緒に暮らそうとはせず、顔見知りの家を訪れて必要なだけ食べ物をもらっては、住宅街の裏手に広がる丘でひとり生きるようになった。まったく、猫というのはつくづく不思議な生き物だと思う。だが、ここで私たちはつい考えてしまう。「犬はどうだろうか。彼らは本当に猫とは違うだろうか。猫よりも犬のほうが私たち、というより少なくとも私たちの大半に似て、伴侶なしでは生きられないのだろうか」。人間にも世捨て人がいる（めったにいないことは承知しているが）ように、人間とともに暮らさないことを自ら選ぶ犬がいてもおかしくはない。だがそれでも、そんな犬の存在を私は聞いたことがない。私の印象では、人間のいない暮らしを選ぶ犬は、ひとりきりで生きようとする人間ほど多くはなさそうだ。第9章では、世界中の路上で暮らす犬たちの様子をお伝えしたが、彼らは一様に寂しそうな目をしていて、そんな生活を選びたくはなかったと言わんばかりだった。彼らの表情からは、本来望んでいた生活が叶えられないことを嘆き悲しむ気持ちが伝わってくる。

だが例外もある。アテネの犬たちだ。私のギリシャ人の友人マリー・ゾウルナジは映画制作者として活動している。彼女の手がけた優れたドキュメンタリー作品『*Dogs of Democracy*（民主主義の犬たち）』を見るかぎり、アテネの路上に暮らす犬たちは嘆いている様子はまったくない。だがそれは人々が、彼らに優しさや親しみを持って接しているからだろう。野良犬たちはとても堂々としていて、欧州連合（ＥＵ）がギリシャに課した緊縮策に反発するデモが起きたときには、デモ隊のリーダーたちと並んで最前列を張っていた。彼らはアテネの人たちから敬われ、その存在を認められており、飢えや寒さとは無縁の生活を送っている。わが道を行く彼らの姿は、パラレル国家の自由勢力のようだ。こうした生き方もまた素晴らしいのではないだろうか。彼らのなかで最も有名な犬が亡くなったときには、とても大がかりな葬式が催され、多くのアテネ市民たちがその死を悼んだという。

悲しみ方にルールはない

私は心理学全般を熱烈に信奉しているわけではない（フロイト派の精神分析家だった時代がいまや別の人生のようだ）。私には、心理学的な「知識」とされるものの大半は、グリーティングカードに添えられた言葉とそう変わらないように見えてしまうのだ（やや辛辣な言い方だが）。しかも私は日ごろから、泣くときには心理学の学位を持つ見知らぬ人よりも、友人の肩を借りたいと思っている。とはいえ、今日では歓迎すべき傾向もあって、ほぼすべての心理学者が悲しみに制限期間を設けることが誤りだと認めている。通常とされる期間を超えて悲しみ続ける人を神経症的だとか、ある意味で病気にかかっていると見なすのはおかしいと彼らも気づいたのだ。たしかに、悲しみはある意味では病気の一形態と見ることができるし、病気の経過というものは人それぞれだ。それなら、悲しみを抱えたからといって、かの有名な悲嘆の4段階説（無感覚、思慕と探求、混乱と絶望、再建）――精神科医で比較行動学者（エソロジスト）のジョン・ボウルビィが唱えた学説で、さらに有名なキューブラー・ロスによる死の受容の5段階説に先行する――のとおりに段階を踏む必要などまったくないのだ。この学説が世間にいくら著しい影響を与えてきたとしても、悲しみの処理のされ方やされるべき方法を、ひとりの人物が理論としてまとめたものに過ぎないのだから。

　あなたが多くの人と同じように悲しみを感じたり落ち込んだりしても、それはまったく異常なことではない。あなたが悲しみ続けるのを見て、もう時間切れだといってくる人には言わせておけばいい。あなたの悲しみを異常なものとして片づけさせてはいけない。その悲しみはあなたのもので、所有者はあなたなのだから。悲しみを一晩で乗り越えられることもあれば、一生抱えることもあるだろう。これはあなたの問題であって、臨床心理士の指示を仰ぐことでもない。犬や猫へのあなたの気持ちを本当に理解できるのは、あなただけだ。いまあなたが感じていることを理解できるのも、あなただけだ。誰もあなたに裁定を下す権利など持たない。ルールも踏むべき段階もないし、答えは自分ひとりで出せばいい。だが、私からひとつだけお伝えしておきたいことがある。誰かを亡くしたとき、その喪失の体験について口をつぐむことはよしてほしいのだ。とりわけ愛する動物を亡くしたときはなおさらだ。なんといっても人間は、誰かに話を聞いてもらいたい生き物なのだから。

もし周りに話せる相手がいなければ、愛犬や愛猫に聞いてもらえばいい。彼らはあなたの言葉の奥にある気持ちをきっと理解してくれるはずだ。私が約束しよう。

11

I Will *Not* Get Another Dog or Cat, or Will I?

もう犬も猫も迎えない……つもりだったけれど

犬を迎えるまでは、
犬のいる暮らしを想像できなかったのに、
今度は犬のいない暮らしを
想像できなくなってしまうのです。
——キャロライン・ナップ

犬を亡くしたことのある人なら、そのときに何を失うかはもうおわかりだろう。そう、あのわかりやすい身体的、感情的な親密さだ——これは犬にしか与えられないものだ。私たちは犬をいつまででも撫でていられるが、人間が相手となると子供や配偶者であってもそうはいかない。私が「わかりやすい」という表現を使ったのは、犬と人間の親密さにはあいまいな部分がほとんどないからだ。言い争いもけんかもなければ、すねて別の部屋に立ち去ったり、ひとりにしてほしがったりすることもない。犬は完全にあなたに夢中だ。

たとえば、あなたが書き物をしているときも、犬は足元で寝そべりながら、自分とあなたが次に何をするのか、その合図を逃すまいと待ち構えている。犬にとっては、あなたこそが世界なのだ（もちろん猫の場合はそうはいかない――歩み寄るのは私たちのほうだ）。

だからこそ、私たちは犬との絆をかけがえのないものと感じるのだろう。ではこれほどの強い愛情のつながりを失ってしまったら、再び築ける日は来るのだろうか。私は可能だと思っている。もちろん次の日は無理だろう。だがいつかはそんな日が来るはずだ。そんな日を切望する自分を少しも恥じることはない。どうか新しく迎える犬のことを「代わり」と思わないでほしい。どんな人間であれ動物であれ、「複製」や「代わり」を作ることなどできないと、私たちはわかっているのだから（クローン技術をもってしても、代わりなど作れるわけがない。だからこそクローン技術は一向に支持されないのだと思う）。もちろん、あなたと犬の関係は唯一無二のものだった。だが、唯一無二の関係を築けるのは一度だけではない。またかたちを変えて、新たに始めることができるのだ。

買うのではなく、引き取ろう

「新たな犬を迎える決断はとても個人的なもので、誰かが決められるものでもないし、効果的な助言をすることさえ難しい」という意見もあるだろうが、そんなことは言葉にしなくても明らかだ。だから私からあえてお伝えするなら「さあ、新たな犬を迎えよう！」という言葉に尽きる。

ただし、ひとつお願いしたいことがある。犬を購入するのではなく、引き取ってもらいたいのだ。読者の多くがそんなことは当たり前だと感じていると思う。だがそうでない人たちのために、ここで少し説明しておこう。2018年3月時点で、米国の202都市（フェニックス、フィラデルフィア、サンフランシスコ、サンディエゴ、ロサンゼルスなど）において、ペットショップでの仔犬の販売が全面的に禁止されている。引き続き販売が許可されるのは「保護された」ことが証明できる仔犬のみだ。この禁止措置が取られたきっかけは、ペットショップの仔犬の大半がいわゆる「puppy mills（仔犬工場）」から出荷されていた事実が明るみになったことだった。この「mills（工場）」とウィリアム・ブレイクの詩の一節「dark Satanic Mills（暗い悪魔のような工場）」［預言書『ミルトン』の序詩「エルサレム」より］が共鳴しているとすれば、それは仔犬工場が地獄にほかならないからだろう。

仔犬工場とはどんなところなのだろう。米国だけでも少なくとも1万棟の工場がある（さらにオーストラリアの私が住む地域も含め世界各地に数千棟がある）。ネット上にはこうした仔犬の繁殖工場の実際の様子を収めた映像がたくさん出回っている。断言しよう。あなたもその光景を目にすれば[*1]、もう二度とペットショップや販売サイトから仔犬を買おうとは絶対に思わなくなるはずだ。一方で、米国にはシェルターが約1万4000カ所あり、約800万匹の「捨てられた」犬と猫が保護されている。そのうち年間約200万から400万匹の犬と猫（犬の22%、猫の45%）が安楽死させられている。対象となるのは、（たいていはやむを得ない事情から）過剰な攻撃性を抱える個体や、重い病気を患う個体のほか、ほとんどは引き取り手が見つからない個体だ。毎年3000万世帯が犬や猫を購入していることを考えれば、彼らがシェルターから引き取るようにするだけで、安楽死させられる犬も猫も0匹になるはずだ。だから、私たちも犬を迎えるなら、シェルターに行くようにしよう。より多くのシェルターがノーキル［no killは「殺さない」の意］の方針を掲げており（本書の執筆時点では少なくとも200カ所に上り、その数は増え続けている）、犬や猫を殺処分せずに住む場所を与える、あるいは最後までシェルターで世話をするようになってきている。ノーキルのシェルターで働く人たちは動物への愛情から、保護活動に取り組んでいる。一方で仔犬工場を営む人たちは、金銭的な利益だけを追求し、犬への愛情は皆無だ。犬たちは劣悪な環境に置かれ、繁殖犬は一生を囚われの身として過ごすことになる。その非人道的な状況は、米国の最も悲惨な刑務所を思わせるほどだ。粗末な食べ物しか与えられず、足の踏み場もないケージに閉じ込められ、医療も受けられない、まるで囚人のような犬たち。彼らがいくら苦しんでいても、いわゆる「飼育員（ケアラー）」と呼ばれる人たちは無関心を決め込むばかりだ。仔犬工場を訪れた人の誰もが「こんな場所は存在してはならない」と口を揃えており、ますます多くの自治体が公式な非難を表明し、全面禁止に踏み切るようになっている。

軽い気持ちでシェルターに行くことはお勧めしない。なぜなら、心が揺り動かされて、その場にいる犬たち全員を連れて帰りたくなってしまうからだ。シェルターで静かに座っている犬たち。彼らは引き取ってくれる人など現れないとあきらめているかのようだ。一方で、ずっと吠え続けている犬たちもいる。私たちは彼らの心の叫びを聞いてあげるべきではないだろうか。きっとこう伝えてくるに違いない。「とても怖いよ。いったいどうなってしまうの。何が起こるの。お願いだから家に連れて行って。一緒にいたいよ。もう一度愛したいよ。愛さないと生きていけないんだ」。愛に飢えた彼らがどんな思いで苦しんでいるのか、私たちには想像することしかできない。だが思い出してほしい。彼ら犬たちは愛情を表現し、与え、受け取るように進化してきた動物だということを。シェルターでの暮らしは、そんな彼らの本質に背くものだ。これを不幸と言わずして、なんと表現できるだろう。もしあなたがペットショップで犬を買うなら（そもそも責任意識の高いペットショップなら仔犬を販売しないが）、あなたもこの終わらない不幸の一端を担うことになる。もちろん自分の犬や猫に不妊・去勢手術をさせることを誰もが受け入れるなら、シェルターに収容されたり安楽死させられたりする動物たちの数も、ある程度は抑えられるだろう。不妊・去勢手術は安全でほとんど痛みを伴わないものだ。通常は動物たちの回復もとても早く、多くの場合、性格に著しい改善が見られる。気性がずっと穏やかになって興奮しにくくなり、攻撃性も減少するのだ。わが家の猫たちは外で過ごすことが多かったが、不妊・去勢手術を受けたあとでは、ほかの猫とのけんかの傷を負って帰って来ることが皆無になった。ただ、こんなことは自然に抗う行為だと考える人たち（特に男性たちだ）もいる。そう、もちろん自然なことではない。だがこの処置のおかげで、殺処分される犬や猫の数は確実に減っているのだ。田舎では不妊・去勢に反対する獣医はいないはずだ。犬にリードを着けることだって「自然に抗う」行為だが、問題の本質はそこではないだろう。どんな思想を持つかは自由だが、妥協すべきところはすべきだと思う。

引き取りたい犬の品種が決まっている人にとって、シェルターに行くのはややハードルが高いだろう。というのも、そのシェルターに「この子だ」と思える犬がいない可能性があるからだ。まあ、出会ってしまえば品種もなにも関係なかったというケースはよく聞くが、それでもこだわるなら、まずお勧めするのは希望する品種の犬の保護を専門とする団体を見つけることだ。以前は珍しかったこうした団体も、最近ではだいぶ一般的になりつつある。たとえば、グレーハウンドを引き取りたい人の受け皿としては、殺処分される予定だった「望まれない」グレーハウンド（ほとんどがレースで敗北した犬だ）を保護し、引き取ってくれる家を探している団体がたくさんある。私もかつて「ガイド・ドッグス・フォー・ザ・ブラインド」［カリフォルニアを拠点とする盲導犬協会］からレトリーバー犬を迎えたことがある。盲導犬として訓練を受けた犬の約50%は合格基準を満たすことができないため、こうした団体が保護しているのだ（ちなみに、わが家の愛犬は茶目っ気がありすぎて不合格になってしまったのだが、私たちにとってはラッキーだった）。それでもあなたがブリーダーから犬を買うつもりなら、「デュー・ディリジェンス（調査分析）」をしっかり行うことだ。そのブリーダーの飼育施設を訪れたことのある人から話を聞き、自らも足を運んで、犬たちの暮らしぶりを必ず見学させてもらうなど、やるべきことはたくさんある。犬たちへの愛情からブリーダーをしている人もいれば、利益目的の人たちもいる。前者を選ぶべきなのは、いうまでもないだろう。

　引き取るなら、成犬よりも仔犬のほうがいいと思う人たちもいる。たしかにその気持ちは理解できる。この地球上で仔犬ほど一緒にいて楽しい生き物はいないからだ。シェルターにいる仔犬のほとんどが最終的には引き取られていくのも、人々がそう感じている証拠だろう。私はノーキルのシェルターという考え自体はとても重要だと思っている。だが、現実問題として、その数があまりに少なすぎるのだ。そのため、大多数のシェルターでは引き取り手のいない犬たちを最終的に「廃棄」（ぞっとする言葉だ）せざるを得ない。つまり、多くの犬たちが安楽死させられているのだ。この悲しい現実は数字からも明らかだ。生きてシェルターを出られる犬は2匹に1匹であり、一部のシェルター（捕獲動物収容所「パウンド」、動物救護センター、動物虐待防止協会「ＳＰＣＡ」）では10匹に1匹というさらに悲惨な状況だ。老犬の引き取り先を見つけるのはたやすいことではない。どうやら、犬たち自身もそれを理解しているようなのだ。実際にシェルターで働く人たちの多くがそう教えてくれた。そのため、同情心から老犬を引き取る人たちもいるという。あなたもシェルターを訪れると感情を揺さぶられ、トラウマを負うことになるかもしれない。すべての犬が居場所を求めているのに、全員を連れて帰れないというだけの理由で、1匹を選ぶことになるからだ。

つい先日、カレン・ドーンからEメールが送られてきた。彼女は独立系オンラインメディア「ドーン・ウォッチ」(他メディアがあまり報道しない、動物や動物保護活動家に関する重要なニュースを配信するサイトだ)を運営しながら、さまざまなメディアで積極的な情報発信を続けている。彼女はポーラ・ピットブルという名の亡くなった愛犬と過ごした人生についての本を執筆しており、私も草稿を読ませてもらっていた。彼女に言わせればポーラは典型的なピットブル［闘犬用につくられたアメリカン・ピットブル・テリアなどの通称］で、愛情豊かで人間にはとてもよくなつくが、ほかの犬とはなかなか打ち解けてくれなかったという。その点ではカレンも手を焼いたそうで、Eメールでこう伝えてきた。「新たに犬を迎える心の準備ができたのでパウンドに行ったのですが、私は開口一番『ほかの犬たちととても仲がよくて、かつ、いちばん長くいる犬はどの子でしょうか』と尋ねてしまいました。そうしたらなんと、ピットブルをもう1匹引き受けることになったのです。ウィンキー・スモールズという名(片目を失っていたのでウィンクしているみたいでした)の彼は、あらゆる点でポーラ・ピットブルとは正反対の犬なのです。人間には無関心だけれど、ほかの犬たちのことが大好きで、どこかそっけなく、でも円熟した深い優しさを湛えていて……」。ドーンによると、ウィンキー・スモールズはほかの犬たちとの付き合いがあまりにうまいことから、シェルターに新しくやって来る犬たちの性格を把握するためのテスタードッグの役割を担っていたそうだ。ほかの犬がどれだけ攻撃心を向けても、彼が相手だとけっしてけんかにならないのだという。ドーンの見立てはこうだ。ウィンキーがこのノーキルのシェルターで8カ月にわたって引き取り手を待ち続けることになったのは、彼が見知らぬ人間に対して興味を示さず、そっけない態度を取っていたせいではないか――つまり面接での態度が芳しくなかったわけだ。だが彼女にとってウィンキーほどぴったりな犬はいない。どんなシェルターでもパウンドでも動物救護センターでも、幸運な出会いは待っているものなのだ。

猫を迎えるなら

もし新たな猫を迎える決心がついたなら、もちろんそうすべきだと思う。だが、犬のように単純にはお勧めできない事情もある。猫を2匹一緒に飼っていて、どちらかを亡くしてしまったケースでは、新たな猫を迎え入れるのは必ずしも簡単ではない。残された猫のほうが新しくやって来た猫を恨めしく感じ、ずっとその気持ちを引きずる可能性があるからだ。そういう意味では猫は犬のようにはいかない。犬は過剰なほどに社交性が高いが、それはもともと社交性が著しく高かった種がさらに家畜化の過程で進化したからだ。ところが猫はその逆である。少なくとも「私たちの」猫―つまり家畜化された猫――の祖先とされるリビアネコ［アフリカからインドに分布する野生の猫］は孤独を非常に好む種だ。それがどんな意味を持つのか、私たちはその全容までは正確に理解できていないかもしれない。だが、一般にリビアネコが群れたがらないことは私たちもよく知っている（とはいえ、彼らも子孫を生む必要があるし、仔猫は一定期間を母猫と一緒に過ごす。つまりまったく猫同士の触れ合いがないわけではないのだ）。だから、新しくやって来た猫とたやすく仲よくなれる猫もいれば、一部、いや、おそらく大半の猫たちは気持ちの切り替えがなかなかできないというわけだ。たしかに私も何百匹という野生の猫たちが争わずに一緒に暮らしている光景を目にしてきたが、長期にわたって観察してみると、互いに深く関わっていないことに気がついた。彼らは対立やけんかもしない代わりに、自分の殻にほぼ閉じこもって生きているようだった。私の解釈が間違っている可能性もあるが、もしも正しいなら、私たちはまさに小さな奇跡を体験しているのだ（猫について執筆する人たちがほぼもれなく指摘していることだ）。そんな猫たちが完全に異種の動物である人間と、ここまで親密な絆を築くようになったのだから。いったいなぜなのだろうか。本当の理由はわかっておらず、なぜ人間がその栄誉に浴しているのかも謎のままだ。だが、たしかに猫たちは私たちとつながってくれる。それもほぼ例外なく。人間と親密なつながりを持たない猫はまれだし、なかには複数の人間になつく猫もいるほどだ。

一方、たった1匹で飼っていた猫を亡くしてしまったら、もちろん次に取るべき理にかなった行動はただひとつ、パウンドやシェルターに行ってケージのなかにいる猫たちに会いに行くことだ。きっとあなたは不思議な世界に足を踏み入れたことに気づくだろう。私も実際に目にしてきたのだが、猫たちも、犬たちとまさに同じように、自らを待ち受ける運命を知っているようなのだ。ケージの柵から小さな足をこちらに伸ばしてきて、これ以上ないくらい痛々しい声で鳴きながら、お願いだから連れて帰ってほしい、と訴えてくる（幸運にもノーキルのシェルターに入れた猫たちでさえ——そもそも猫にはシェルターの違いはわからないと思うが——そのほとんどは、家に迎えて愛してくれる家族が見つからなければおしまいだと思っているに違いない）。猫たちがどう感じているかは別としても、彼らを悲しい運命の前に放っておくことなど、私たちにはできないはずだ。彼らの姿を見てみてほしい。静かに座っている猫たち。とりわけ老猫たちは引き取り手が現れそうにないことになぜか気づいていて、あきらめた表情をしている。威厳をたたえながらも、とても悲しそうなのだ。だから、もう一度お願いしたい。あなたが心から猫を思うなら、たとえ意に添わなくても、老いた猫を引き取ることを考えてもらえないだろうか。仔猫ならまず間違いなく里親が見つかる。だが、老猫を引き取ろうという人はそうはいない。手を差し伸べるのは、ほかでもないあなたなのだ。きっとその猫はあなたにとても感謝し、ベッドのなかで寄り添いながら、例の謎めいた音をのどで鳴らすことだろう。頭痛はもちろん、あらゆる痛みも苦痛も癒してくれる、あのゴロゴロ音だ。さあ、ぜひ最寄りのシェルターにまっすぐ足を運んで、これから何年も喜びと愛情を与えてくれる愛すべき猫を連れて帰って来よう。これは歴史的に見ても、まずあり得ないような奇跡だ——本質的には「孤独を好む」獣である猫が、あなたに無限の喜びを与えてくれるのだから——なんて稀有で素晴らしいことなのだろう。

おひとり様よりおふたり様で

厚かましくもさらにご提案するなら、2匹の動物を一緒に引き取ったらどうだろうか。たしかに、最初は手がかかって大変だと思うが、犬や猫たちがどれほど喜ぶことだろう。先にもお伝えしたとおり、猫はひとりでいたがる傾向にあるが、2匹を同時に家に迎えればそうはならないはずだ（シェルターで同居していた猫同士なら、なおさら大丈夫だろう）。不慣れな場所に一緒に連れて来られた2匹はきっとお行儀よく振る舞って、互いにも親切に接するだろう。猫たちはあなたとよりも、猫同士の絆をいち早く築くかもしれない。しかも2匹が一緒にいることで恐怖心も和らぐはずだ。

現在米国のほとんどのシェルターでは、屋内飼育に合意することを条件に猫の引き取りを許可している。私としては、外に出かけることが大好きな猫の性質を考えると、この条件を守るのは難しいと感じている。なんといっても、猫はリビングルームでひたすら寛ぐように進化したわけではないのだから。だが、アメリカ獣医行動学会（ＡＶＳＡＢ）によると——しかも、ほとんどの獣医も認めているのだが——家猫のほうが、屋外を自由に歩き回れる猫よりもずっと長生きするという。その理由についてはすでに説明したとおり、外で徘徊する猫たちがよく車にひかれてしまうからだ（車を感知できる猫はまれだ——犬のほうが感知能力は高いが、それでも猛獣のような車から私たちが守ってあげる必要がある）。だが、「それならもうお手上げじゃないか」とは思わないでほしい。アメリカ獣医学会（ＡＶＭＡ）も見解を発表しているが、その立場はあくまで「猫に外を自由に歩かせる場合には多くの危険が伴う」というものだ。米紙『ニューヨーク・タイムズ』には作家デイヴィッド・グリム（著書に『*Citizen Canine: Our Evolving Relationship with Cats and Dogs*〔犬科の市民——ペットと人間の進化する関係〕』がある）による楽しい記事[*2]が掲載された。タイトルは“Yes, you should walk your cat”（さあ、猫を散歩に連れ出そう）だ。さて、この記事を読んで私も散歩未経験だった愛猫を連れ出してみたのだが、失敗に終わってしまった。ただ、それは私の猫がすでに年を取っていたからかもしれない。猫を散歩させるのは、ドライブに連れて行くようなものだ。ほとんどの猫はドライブが大嫌いだが、それは単に仔猫のころに体験してこなかったからだ。私はわが家の仔猫たちの1匹を日常的に車に乗せていたのだが、気づけば彼はドライブが大好きな子になっていた。まるで小型の犬のように窓から頭を出し、風に耳をはためかせ、過ぎゆく景色を楽しそうに眺めているのだった。だから、猫はリードとハーネスを着けての散歩にも、きっと同じように慣れてくれるはずだ。ひとたびその心地よさを知ったなら、散歩が大好きになるだろう。そしてあなたもまったく新しい世界、というより、猫が見ている世界を一緒に体験できるのだ。ぜひその楽しさを知ってほしいと思う。ニュージーランドの海辺に暮らしていたころ、わが家の6匹の猫たちは、夜に月明かりに照らされながら長々と散歩するのが何より好きだった。私にとっても、まさに天国を歩くような時間だった。

さて、猫は家にひとり残されていても、犬ほど寂しがったりはしないかもしれない。だが、猫もたしかに寂しさを感じるし、ひとりでいる時間のほとんどはあなたを待つことに費やされる。もしもそばに遊び相手の猫がいれば、かなり違うだろう。というより、それはもう別世界といえる。だから、ぜひ2匹一緒に飼ってあげてほしい。犬に関しては、私の意見は一貫している。あなたがどれだけ楽しい人物だとしても、彼らはほかの犬といるほうがいつだってもっと楽しい。あなたは競争相手としても、レスリング相手としても、ほかの犬にはかなわない。あなたは犬の首をかむことも、自分の首をかませることもできない。犬たちにもそれがわかっていて、あなたを相手にするときには、ほかの犬にするように乱暴なじゃれ方はしてこない。あなたはけっして犬のすべてにはなれないのだ（一方であなたにとっては、犬はすべてを満たしてくれる存在なのかもしれないが）。さて、日中に家を留

11

I will *Not* Get Another Dog or Cat, or Will I?

守にすることについてだが、犬がどれほど寂しく、悲しい思いをするのかはお伝えするまでもないだろう。親友がはるか遠くの殺風景なオフィスで働いている間、日がな一日アパートでひとりぼっちで過ごしながら、ひたすらこう問い続けるのだ。「友達はいつ帰って来るの。あとどのくらい待っていればいいの」と。古くから神話のように伝わる「犬に時間の感覚はない」という説を信じないでほしい。当然ながら犬も時間を感じているのだから。一部の哲学者たちは、まったく証拠もないのに、犬には未来という感覚がないと主張しているが、本当にそうだろうか。それなら、あなたがリードを手にして「散歩に行きたい子はいるかな」と声をかけたときの、あの犬たちの喜びようはどう説明するのだろう。犬たちはこれから訪れる楽しい時間を心待ちにしているではないか。だからひとりぼっちになると、時の経過を鋭敏に感じ取ってしまい、退屈して悲しい気分になってしまうのだ。だが家にもう1匹犬を迎え入れて、2匹がともに過ごせるようにしてあげれば、彼らは一生あなたに感謝してくれるだろう。ペットシッターを活用するのもとてもお勧めだ。この職業に就く人たちは、ほぼ例外なく動物と一緒にいるのが大好きだ。だから、あなたが不在のときも、きっと犬たちが退屈しないよう楽しませてくれるはずだ。

ひとりで留守番をする猫についても、考えてあげる必要がある（外に行けない猫の場合だ）。要は、暮らしに喜びをもたらしてあげることだ。ひとりぼっちでは、進化の過程で感じるようになった愛情——愛する伴侶からの愛情——をけっして体験できない動物たち……それは猫も同じだ。だから猫でも人間でも、ともに過ごす相手をぜひ用意してあげてほしい。また、あなたが愛猫と一緒に過ごす時間の「質」を高めることも同じくらい大切だ。そもそも猫たちは人間のために社交性を身に着けてくれた。だから、私たちには、猫たちがその新たな能力を発揮できるよう助けてあげる義務がある。きっと私たちにとっても充実した時間になるだろう。

シェルターから動物を家に迎え入れることで、あなたはその動物を幸せにすることができる。もしもあなたが動物を亡くした悲しみを抱えているなら、新たに迎えたその動物が悲しみを乗り越える力になってくれるはずだ。家族になってくれた動物が素晴らしい暮らしを送れるように心を尽くそう。そうするうちに、あなたの人生もきっと素晴らしいものになっていくはずだから。

12

Healing Rituals That Memorialize Lost Animals

癒しの儀式
亡き動物たちを刻む

死は誰にも癒すことのできない痛みとなり、
愛は誰にも奪うことのできない思い出となる。

——アイルランドの墓石より

私はなぜ自分が儀式というものに参加したがらないのか、よくわかっていなかった。とにかく、あらゆる儀式に抵抗感があるのだ。私の娘シモーネは現在44歳だが、自分の母親(1937年にワルシャワで生まれた)がユダヤ教の祝祭日をもっと積極的に祝ってくれていたらよかったと言っている。せめて金曜日のシャバット(安息日)だけでも大事にしてほしかったらしい。たしかに、そうしていれば、彼女のユダヤ人としての意識はもっと高まっていたかもしれない。ホロコーストについて私から延々聞かされるよりも、よっぽど効果的だっただろう(実はホロコーストは私のユダヤ人としてのアイデンティティの中核を形成している)。現在の妻レイラは何かにつけてパーティをしたがるので、彼女と2人の息子たちの誕生日にはいつも賑やかな会が催されている。だが、私は自分の誕生日会については遠慮させてもらっている(レイラからはもうすぐ迎える私の80歳の誕生日は盛大に祝うので、逃げさせないと言われている——だが私としてはそれでも彼女の目をかいくぐるつもりだ)。

だから、こんな私が人生をともにしてきた多くの動物たちの死に際しても、外面的には——内面とは裏腹に——取り立てて何もしてこなかったとしても、驚くには当たらないだろう。私は動物たちの死を悼み、ときにはとても深く悲しんできたが、彼らの死を刻むために物理的に追悼儀式を行うことはなかったのだ。

だがいまになって、人間に対しても動物に対しても、私の考えが正しかったのかどうか、わからなくなってしまった。きっとシモーネの言うとおりなのだろう。私も愛する動物が旅立ったとき、目に見えるかたちで何かをすべきだったのかもしれない。

では、私に何ができたのだろうか。読者の皆さんにもぜひお聞きしたい。あなたは何をして、どんな効果を感じたのだろうか。

12

Healing Rituals
That Memorialize Lost Animals

さまざまな追悼の在り方

先日、米紙『ニューヨーク・タイムズ』に作家マーガレット・レンクルが寄稿した"What It Means to Be Loved by a Dog"（犬に愛されるということ）と題された記事（2018年6月18日付）を読んだが、素晴らしい内容だった。ここに一部を引用しておこう。

犬たちが私たちの生活にどれほど深く関わっているのか。それはエマ——わが家の15歳のダックスフンド——が先月亡くなったときに起きたことを振り返ればよくわかります。3人の友人がお花を供えに来てくれました。ほかにも1人がチョコレート、1人が手作りのストロベリーパイ、1人がバーベキューセットと書き下ろしの詩を持ってやって来てくれました。エマをかわいがっていた2人の少女はキャンドルホルダーを手作りしてくれました（7歳の女の子が父親に「水と糊と瓶、それとキラキラした飾りもいっぱい、いっぱい、たくさんお願い」と頼んできたそうです）。フェイスブックには158人が追悼のメッセージを寄せてくれました。

私自身もフェイスブックを通じて読者とつながり、皆さんが愛する伴侶動物の旅立ちをどんなふうに心に刻んでいるのか、尋ねてみることにした。すると、たちまち興味深い返事をもらうことができた。こんなにも早くはっきりとした返事が皆さんから返って来るとは思わず、驚いている。誰もが愛しい友を讃えるための特別な行事が必要、というより実際には不可欠だと感じているようだ。質問をしてから1時間のうちにあらゆる回答が出揃ったが、どのアイディアも素晴らしいものだった。

さっそく、いくつかの例をご紹介しよう。まずはテリサ・マグルハノン・ラインのコメントから。

> 私たちは6年近く前にビーグル犬を癌で亡くしました。保護犬だった彼を讃えたいという思いから、彼を亡くしてすぐに、助けを必要としている別のビーグル犬を一時預かりすることにしました。すると彼女は私たちの心の傷をみるみる癒してくれたのです。そこで彼女を引き取ることにしました。つい数カ月前に彼女が亡くなると、また別の犬たちを預かりました。ここ数カ月で合計3匹の犬たちを預かり、そのうちの1匹を引き取って一緒に暮らしています（その子を見ていると1匹目のビーグルの思い出がたくさんよみがえってくるのです。しかも彼は8歳で、心臓に雑音が出ていることもあって、引き取り手が見つかる可能性は低いと思いました）。新たな保護犬を一時預かりすることも、引き取ることも、亡くなったペットを讃える方法としては珍しいものではありません。

ですが、とても意義深く、犬にも人間にも救いをもたらしてくれる行為だと感じています。

たしかにそのとおりだと思う。犬を預かることも引き取ることも、厳しい未来が待ち受けている犬を救う素晴らしい方法だ。しかもテリサが語ってくれたように、亡くした犬とのつながりを感じ続けることができる。

ダラ・ロヴィッツは亡くなった動物の友たちの写真を、美しいキッチンタイルにしている。また、棚には亡くなった動物たち全員の骨壺を並べているという。おかげで、その前を通り過ぎるたびに、動物たちとの思い出がよみがえってくるそうだ。

最も一般的な記念碑といえば、木ではないだろうか。伴侶動物たちを思うとき、私たちの頭に浮かぶのはやはり自然の風景なのだと思う。モニク・ハンソンはこんなコメントをくれた。「愛犬のビーグルはかつて実験犬でした。私は彼に、記念銘板をかけた1本の木を捧げました。その木は私たちが動物実験の恐ろしさを訴える講演をしていた地元の公園にあります。木の根元には彼の遺灰の一部も埋まっています」

ドイツでは地元の森の木をシンプルで素朴な記念碑にする人たちが増えているようだ。そうした記念碑のほとんどは、木の幹に動物の絵を描いたり、写真を掛けたりしたものだ。また、犬や猫を讃えるために、森に木を植える人たちもたくさんいる。植樹した場合には、その木の成長を見ることができるし、訪れるたびに在りし日の友を想うことができる。リチャード・ジョーンズはかつて森に植えたナンヨウスギ［大型の常緑針葉樹］が、いまでは彼に並ぶほど成長したと教えてくれた。さらに彼のメッセージは、安楽死の際には動物病院で立ち会うだけでなく、注射針が入っていく間、愛する動物を腕に抱いて見つめていてあげることがいかに大切かを、あらためて私に思い出させてくれた。そばにいてあげること。それは最期の瞬間を迎える動物たちにとって、間違いなく望ましいことなのだ。

フェイスブック友達のグラント・メンツィーズからも、とても素敵な事例を教えてもらったので、ここで共有しよう。

ジェシーは雑種犬そのもので、ボーダー・コリーにブルーヒーラーのほか、いろいろな犬種の血が混ざっていました。彼女は18年にもわたって、まるでお姫様のようにわが物顔で家のなかを跳ねたり走ったりしていました。そんな彼女がしだいに元気を失くし、力尽きていく姿を見るのはとても悲しいことでした。まず耳が聞こえなくなり、視力も失ってしまいました。それから、まるで闇にのまれるかのように、認知機能が衰えていきました。あるとき、彼女はダイニングテーブルの下から出られずにいました。椅子の脚の森のなかで迷子になってしまったのです。また、昼夜にわたって暖炉の前で眠って過ごすことが多くなりました。かつてのように階段を上って私たち

12
Healing Rituals That Memorialize Lost Animals

の寝室で一緒に寝ることができなくなっていたのです。ジェシーにそばにいてもらうかぎり、彼女の苦しみを長引かせてしまう……そう悟った私たちは彼女にローストビーフ——彼女の大好物でした——を食べさせてあげると、ビーチで海の空気を味わってもらい——彼女の大好きな時間でした——、それから動物病院へ連れて行きました。迎えてくれたのは、私たちが知るかぎり最も親切で思いやり深い獣医のバス先生です。私たちの腕のなかにいるジェシーにバス先生が安楽死の注射を打つとき、彼女はこちらを向き、急にしっかりとしたまなざしで見つめてきて「眠らせてくれてありがとう」と言うかのような表情を見せてくれました。私たちは胸が張り裂けそうでした。彼女が逝ってしまったことよりも、この瞬間のほうが辛かったように思います。バス先生は私たちにジェシーと過ごす時間を与えてくれました。それから赤ん坊を扱うかのように優しく彼女を抱いて、連れて行きました。私たちは覚悟を決めて家に帰りました。空っぽの心を抱えたまま、空っぽの家に帰るしかない、そんな思いでした。ところが、奇跡が待っていました。家に足を踏み入れると、私たちはジェシーがまだそこにいると感じたのです。犬を愛したことのある人なら知っているあの空気、エネルギー、犬がいる家にしか存在しないもの……そう、ジェシーの空気もエネルギーもまだそこにありました。まるで彼女が動物病院を飛び出して通りを追いかけてきて、部屋のなかで跳ね回っているかのようでした。そこで私は思いました。追悼の儀式をして、ジェシーをちゃんと送ってあげよう、と。つい1時間前にジェシーがなめていた水と、ボウルに残ったドッグフードを持ってきて、暖炉前に敷いたマットの上に置きました。首輪、リード、オモチャも一緒です。それから1週間にわたって、私たちはまるでジェシーがまだそこにいるかのように話しかけました。疲れ果てて痛む体を抱えながら、まだ頑張っているジェシーの姿をそこに見ていたのです。それから、その週が終わる朝、目が覚めると何かが変わったと感じました。「ジェシーはもう旅立ったね」私はそう口にしていました。するとその午後、獣医のバス先生から電話があり、ジェシーの遺灰を家に引き取る準備ができたと知らせてくれたのです。

私は彼の話にとても心を打たれながら、熱烈に愛した動物を亡くした人たちが、しばしば変わった体験をすることを思い出していた。不思議な夢を見る人たち。あるいは死者の霊が出現するというか、その幻影や感覚がそこに存在するというか……なんとも表現しがたい体験をする人たち。あなたも愛する動物を亡くしたことを人々に話すたびに、共感の声だけでなく、こうした不思議な体験をたくさん聞かされてきたと思う。どう受け止めるかはともかく、少なくとも思考の糧にはなってくれるだろう。

12
Healing Rituals That Memorialize Lost Animals

生前の追悼と愛犬の夢

ペットの追悼儀式は、必ずしも亡くなったあとに行わなくてもいい。とても素敵なエピソードを教えてくれたのは、私の旧友の妹であるジル・ヒンクリーだ。彼女と夫は愛犬の一生を生前に讃えることにして、愛犬にも一緒に楽しんでもらったそうだ。彼女は愛犬を亡くしてから何年もあとに夢を見るのだが、これがまた素敵なのだ。夢のなかで彼女は、愛犬の楽しむ能力は死後もなお健在だと知るのだった。

ジルが寄せてくれた文章を紹介しよう。

わが家のゴールデン・レトリーバーのイエラーは18歳まで生きました――大型犬としては前例がないほど長寿を全うしたといえるでしょう。彼が18歳を迎えたときには、誕生日パーティを開いて、近所中の人たちを招待しました。長年にわたって仲よくしていた子供や犬たち全員がかけつけて、一緒に祝ってくれました。イエラーはすでに立っているのが難しかったので、ブランケットを敷いたわが家の私道に寝そべりながら、祝福の声を浴びていました。

誕生日から、いよいよ最後のさよならを告げるまでの数カ月間、「そのときが来た」

と覚悟を決めた瞬間が3、4回はあったのですが、そのたびに彼は持ち直してくれました。彼にとって、生きることが喜びではなく重荷になる瞬間を判断しようと思っていたのですが、そのときはなかなかやって来なかったのです。

ある日、彼はブランケットのなかからまったく起き上がれなくなり、用を足すにも困るようになってしまいました。もはや獣医を呼んで、命を終わらせる注射を打ってもらうときだ、私たちはそう悟りました。ですが、彼はお漏らしをした自分を明らかに恥じていながらも、生きることへの情熱はまったく失っていなかったのです。私たちは宅配ピザを食べながら、獣医を待つことにしました。イエラーはピザ生地のかけらを放ってあげると、いつも無上の喜びとでも言わんばかりに食べてくれたものでした。そのときはエクストララージサイズのピザを頼んでいたので、生地だけでなく、まるごとなん切れかを与えてみたのですが、なんと彼は幸せの絶頂といった表情を浮かべながら平らげたのです！

イエラーには、痛みを和らげるために鎮痛剤のトラマドールを飲ませていたのですが、夫のロンは「もっとトラマドールをあげよう」と繰り返していました。理由はイエラーに苦しんでほしくないからではなく、もっと眠ってもらいたかったからです。というのも、ロンはイエラーがいまだにとても幸せそうにしている姿を、見ていられなかったのです。まだ命を終わらせるときではないのだろうか……そんな疑問も浮かびかけましたが、私たちにはいまがそのときだとわかっていました。イエラーもそうでしょう。彼は残された数時間を精いっぱい味わいながらも、本当はわかっていたのだと思います。

獣医がやって来ました。実は獣医は安楽死の注射の前に、イエラーに睡眠薬を与えて眠らせてくれました。おかげで私はとても救われました。イエラーをそっと腕に抱いて安心させ、幸せな気分で眠りに落ちてもらってから、実際に最期のときを迎える前に、部屋を出ることができたからです。

その後、何年にもわたって、私は彼の夢を見続けました。とりわけ鮮明な一連の夢があります。旅立ったはずのイエラーが再び現れる夢です。ほんのつかの間この世に戻る許可をどうにかもらって来てくれたのかな、私はそう思っているのですが、彼はいつまでも帰ろうとしないのです。ずっと走ったり遊んだり泳いだり笑ったりしています。イエラーはたとえ亡くなっても*joie de vivre*（ジョイ・ド・ヴィーヴル）（生の喜び）を失ったりはしない、そんな私自身の思いが表れているのかもしれませんね。

コミュニティを挙げて悼む

愛する動物の死を、コミュニティを挙げて追悼する事例も見られる。といっても、ここで取り上げるのは家畜化された動物ではなく、完全に野生のクロコダイルだ。オーストラリアのファー・ノース・クイーンズランド［クイーンズランド州北端の地域］で暮らしていた推定年齢100歳の巨大なソルトウォーター・クロコダイル［日本語名はイリエワニ］が、2019年3月に故意に射殺されてしまった。彼はケアンズ南部の小さな海辺のコミュニティの主（あるじ）のような存在だった。全長約4メートルという体格ながら、ビズマークの愛称で親しまれ、その温和な性格で知られていた。コミュニティ内の先住民アボリジニたちは彼を「われわれのひとり」として見ており、ビズマークが家々のそばから離れないのは、より攻撃的なクロコダイルたちから住民たちを守るためだと語っていた。ビズマークは川岸でいつも日向ぼっこをしながら、通り過ぎていく住民たちを見守っていた。住民たちのほうもビズマークのいる日常を愛していた。だからこそ「優しい巨人（ジェントル・ジャイアント）」として愛された彼を讃えるために、コミュニティを挙げての公式追悼行事が執り行われ、住民の誰もが参列することになったのだろう。

亡くなった動物のことをとにかく忘れたくない。これはほぼ誰もが思うことだろう。シュシャナ・キャッスルは次の回答を寄せてくれた。

ロリポップを埋葬した場所は、前庭にあるベンチの隣です。私たちはいつもそのベンチに座って、朝にはコーヒーを飲み、夕方にはロリポップと過ごしていました。彼女が眠っている場所を見るたびに、一緒に過ごした喜びがよみがえります。私たちは彼女を埋葬して安らかに眠ってもらうと、お墓を囲みながら素晴らしい思い出の数々について語り合いました。近所の人たちもお花を供えてくれて、とても幸せな気持ちになりました。

ずっとそばに

自分が死を迎えてもなお、動物にそばにいてほしいと思う人たちもいる。カレン・コインのコメントを紹介しよう。ほかの人たちからも同じような声が多く届いている。

人生をともにした伴侶動物たちの遺灰を集めておき、私の命が尽きたときに一緒に埋葬してもらうつもりです。私は自分の考え方が特に変わっているとは思いません。むしろ不思議なのは、亡くなった人間を弔う慣習はあるのに、動物のためには何もしない、そんな私たちの社会のほうではないでしょうか。愛犬を亡くしたとき、私はとても大きな喪失感を味わいました。16年間、毎日一緒に過ごしてきたのに、追悼のカード一枚届かず、みんなで集まることもなく……そう、何もなかったのです。もちろん、みんなそれぞれに追悼の気持ちを持っているとは思います。ただ、どう伝えるのが正解なのかがわからないだけなのでしょう。私にはソウルメイトの愛猫もいましたが、いまは遺灰となってそばにいてくれています。彼の毛をひと房入れた小瓶も置いていますし、アーティストの友人が描いてくれた彼のスタイライズド・ペインティング〔洋式化した絵〕も壁に飾っています。こうしておけば、彼と過ごした幸せな時間をたびたび思い出し、味わうことができます。

このカレンの言葉は、動物を亡くした人に対して「あなたが喪失を体験して苦しんでいることはわかっている」と伝えることの大切さを思い出させてくれる。人間を亡くした人には当たり前のようにできても、こと動物となると忘れがちだ。

向こうの世界

多くの人たちが、あの世にいる愛する動物について知りたがり、アニマルコミュニケーター〔動物の心を読み取り、動物と人間の交流の仲立ちをする人〕に相談をしている。なんとも不思議な現象だ（いや、彼らの信じたいという気持ちの深さを思えば、実際は少しも不思議ではないのだろう）。相談者のなかには、あの世の存在や死者との交信を信じていない人さえいる。

ケイト・ホームスのコメントを紹介しよう。

私たちはオールド・イングリッシュ・シープドッグ［英国原産の長毛の大型牧羊犬］のダドリーを裏庭のぶらんこのそばに埋葬しました。ダドリーはぶらんこで日向ぼっこをするのが大好きだったのです。そして、彼のために美しいメモリアルストーンを置くと、その上に金属製のささやかな十字架を飾りました。彼を亡くして、心にぽっかりと穴が開いてしまった私は、動物の魂を感じ取ることができる友人に相談をしました。彼女は私を励ましながら、ダドリーは無事に魂の次元に移行できたと教えてくれました。どこまで彼女の話を信じているのか、自分自身にもわからないのですが、その言葉が心地よく響いたことはたしかです。

ケイトのような心境にいる人たちにとっては、亡くした動物に関する励ましや慰めの言葉なら、どんなものでもありがたく感じるのだろう。だが、なかには死後に起こることを知る能力そのものを信じている人たちもいる。クリスティン・スカルフォは、10年近く前に愛犬のロックを亡くしている。彼女にとってその日は人生で最も辛い日となったそうだ。

ロックを亡くした約1カ月後、アニマルコミュニケーターに相談をしました。すると彼女はほかの誰にもわからないロックの気持ちを教えてくれたのです。おかげで私の心は慰められました。ロックはいまも一緒にいてくれている、旅立ったのは肉体だけ……そう感じられたからです。ですが、いちばんの追悼行為となったのは、ロックの一生を1冊の本にまとめる作業でした。私にとってはまさに癒しのプロセスとなりました。これからも、その本をたびたび見返しては(ちょうど先週も開きました)、まだ涙を流すことでしょう。あの子が恋しくてしかたありません。

タトゥーとして刻まれる思い出

旅立っていった愛する動物を讃えるために、タトゥーを入れる人たちもたくさんいる。そのほとんどが若い人たちのようだ。ジュリー・ワード・バージェスは次のコメントを寄せてくれた。「私の体はタトゥーだらけです。すべてソウルメイトだった動物たちを忘れないために入れたものです。私は遺言にこう書いています。死んだら遺灰を動物たち全員の遺灰と一緒に混ぜてほしい、と。そのあとのことはもうお任せです――動物たちと一緒ならなんでもいいです」

ダニエラ・カスティーオの場合はこうだ。

私は生涯の恋人となった愛猫のタトゥーを入れています。私は彼女と一緒に獣医大学での勉強を乗り切りました。それからオーストラリアの大学院の修士コースに進んで勉強を続けていた最中に、誰かが彼女に毒をのませたのです。私は獣医でありながら、自分の猫に何もしてあげられませんでした。そこで私は背中に大きなタトゥーを入れることにしました。皮膚から伝わるありったけの痛みを感じることで、心の痛みをかき消そうとしていたのだと思います。

ボニー・リッチモンドはこんなコメントをくれた。

これまで長年にわたって、たくさんの4本足の友と人生をともにし、お別れをしてきました。私はペット用ラットの保護に取り組んでいますが、悲しいことに彼らの寿命は比較的短く、平均して2年から3年で旅立っていきます。彼らはその短い時間のなかで、愛情を惜しみなく発揮してくれます。最も長寿だったフェイスは3年4カ月24日——誕生日も知っています——生きてくれました。彼が亡くなったのは私の誕生日の前日でした。ほかのラットたちと同じように、彼の思い出もタトゥーとして刻むことにしました。

最後に紹介するのはタイラー・ズィーだ。彼女の伴侶動物のなかに、ジャックという名のウサギがいた。赤ん坊だったころに食肉飼育場から保護し、長年連れ添ったあとで旅立っていったそうだ。「ジャックをタトゥーとしてわが身に刻みました」というコメントに添えられた写真には、彼女の腕に刻まれた素敵なウサギのタトゥーが写っている。

馬の香り

さて、これまでのところ、馬と人間の友情や、馬を亡くした悲しみ、馬のための追悼行為といった話は登場していない。理由は単に私が馬に関する経験を持たないからだと思う。私は馬と暮らしたことがない。しかも乗馬については、そんな残酷なことはできないと勘違いしていた節もある。私はこう考えていた。野生馬の捕食者であるライオンなどの大型猫は、馬の背中に飛び乗り、体を押さえつけて仕留める。だから、そんな目にあってきた馬たちが、背中に乗っている人間は捕食者ではないと理解するためには、途方もないほどの自制心を要するに違いない、と。ゾウの場合は抵抗心を打ち砕くことで覚えさせるのだが、馬も同じではないかと心配していたのだ。とはいえ、私も家畜化された馬があらゆる点でゾウとは異なること――ゾウは人間に慣れてもけっして家畜化はされない――は理解している。だから、温和な調教師なら馬にトラウマを与えずに訓練ができるのだろう。そして、馬も人間に対してたしかに愛情を抱くようになるというわけだ。馬たちにとても大きな愛情を感じている人たちはたくさんいる。リサ・マリー・ポンピリオが馬の追悼行為について、素晴らしいエピソードを教えてくれた。

このコメントを書きながら、ラング・リーヴ［ニュージーランドの小説家、詩人］の詩の冒頭[*1]を思い出しています。

「彼を愛するってどんな感じだったの」Gratitude（グラティテュード）が聞く

私がレベルと出会ったのは、乗馬学校で働いていたころでした。競売にかけられて、最終的にこの学校にやって来た彼は、体が弱っていて悲しそうでした。エサを食べてくれないので、私は馬小屋に遅くまで残って、手でエサを与えることにしました。その間ずっと「絶対に恋に落ちてはだめ」と自分に言い聞かせていました。すでにポニーボーイという馬を飼いながら週に6日間働いていたので、彼の世話までは手が回らないと思っていたのです。ですが、レベルの何かが、私の心のブロックを外してしまいました。馬の愛情は犬や猫の愛情とは別ものです（私には愛猫も愛犬もいますが）。馬たちはあなたを試します。そして教えてくれます。あなたの鏡になって、あなたが自分自身に隠そうとしている醜い部分も、あなたが気づいていない美しい部分も、すべて映し出します。あなたにそこから学んでほしいと思っているのです。あなたがその思いに応えたとき、彼らはその大きな能力を開花させます——力強さ、羽が生えたような俊足、ひどい嵐でも動じない、まるで荒ぶる風を静める神のような落ち着き。馬たちが力を存分に発揮できるかどうか、すべては私たち次第なのです。

私たちは初めからうまく行ったわけではありません。レベルも私も世界に対して怒りを抱えていて、しょっちゅうぶつかっていたのです。曇りのない目で振り返ってみると、私たちの心がいかに傷ついていたのかがわかります。私たちは人から見捨てられ、誰のことも信用できず、互いを攻撃し合っていました（レベルは私を木の上に投げ飛ばそうとしたこともあります）。ところがある日、すべてがうまく回り出しました。レベルが警戒を解いて本来の性格を見せてくれるようになり、私のほうでも、彼がいかに素晴らしい馬なのかを理解していったのです。それから、レベルはポニーボーイと私の支えになってくれました。落ち着いていて、強くて、守ってくれて、美しくて、そして夏の嵐のように荒々しくもあったレベル。彼はいつも私を乗せて、ものすごい速さでビーチを走り、森を駆け抜けてくれました。私の胸は喜びにはちきれんばかりで、抱えていた怒りも溶けていきました。私は安全で自由なんだ、そう感じることができたのです。私はお返しに、彼が安全に暮らせる場所と、ありったけの愛情を与えることにしました。レベルにニュージャージー州の農場に移ってもらったのです。レベルはポニーボーイと小さな群れと一緒に約40万平方メートルの牧草に囲まれながら暮らしました。彼の唯一の日課は私と一緒に乗馬道（トレイル）を散歩することでした。レベルは水を飛び散らしながら小川に入っていくと、私がたてがみをほどいてあげる間、じっとしていてくれたものです。

私は幸運だったのでしょう。レベルが35歳まで生きてくれたおかげで、15年と少しの年月を一緒に過ごすことができたのですから。レベルが33歳のときのことでした。関節が少しこわばってきて、歩きづらそうにし出したのです。獣医の診断は骨関節炎でした。この診断を受けて、私はレベルとの乗馬を完全にやめることにしました。これはひとつの終わりを意味していました。もう二度と彼の背中に乗って走ることはできない……そう思うと胸が張り裂けそうでした。ですがこの決断のおかげで、私たちの関係に新しい章が始まりました。最後の2年間は、それはもう素晴らしい時間になったのです。彼が過ごした最後の冬は大荒れの日々が続き、関節炎も脚だけでなく全身に広がっていきました。急激に体重が落ちていき、彼がレベルだとはわからないほどやせ細ってしまいました。ひとたび草原に横になると何時間も動けず、立ち上がろうとしても、よろめいてしまうこともありました。私は鍼治療からステロイド投与まで、あらゆる治療を試しました。彼を死なせたりはしない、そう心に決めていたのです。それから1カ月間、彼は持ちこたえてくれましたが、自分のためというよりも私のために頑張ってくれていたように思います。治療に次ぐ治療を続けるうちに、私はゆっくりと事実を受け入れていきました。私に彼を救うことはできない。できるのは、残された日々のなかで、ありったけの愛情と癒しを与えてあげることだけ……。それから獣医を呼びました。獣医は私に話してくれました。あなたは本当にあらゆる治療を施してきたが、レベルの容態は再び悪化している。もう最期を迎える覚悟をするときだ、と。私が最も恐れていたことのひとつは、夜に横になっていた彼が起き上がろうとして、よろめき、首を折ってしまうことでした。朝に誰かが馬小屋にやって来たときにまだ息があったら……もっとひどい状況でしょう。しかも、彼のなかにも初めて恐怖心が芽生えてきたようでした。彼がうとうとと眠っているときに、私やほかの馬が近づくと、飛び上がろうとするのです。私はレベルを安楽死させることにしました。２０１７年７月５日、彼を愛する人間や馬たちに囲まれながらの最期でした。

その朝、私は草原にいたレベルを馬小屋に入れました。ポニーボーイにも戻ってもらいました。レベルを泡風呂に入れ、アップルソースをかけたニンジン入りのブランマッシュ［小麦の表皮部分を挽いたふすま粉で作ったかゆ状の飼料］を与えると、そばに座って食事をする彼を見守りました。それから獣医がやって来るまでの間、私は彼をずっと抱きしめていました。周りは任せてくれてもいいといってくれました。ですが私は、レベルが自分以外の誰かの腕に

12

Healing Rituals
That Memorialize Lost Animals

抱かれながら、この世界を旅立っていくなんて耐えられないと思っていました。馬の安楽死は、猫や犬のようにはいきません。彼らの体重は500キロを超えます。ですから、眠りにつくときにはただ横になるのではなく、体が地面に落ちてしまうのです。そのため、複数の人間たちが協力して、できるかぎりその衝撃を和らげようと手を尽くすのですが、それでも500キロを超えた体が落下することには変わりありません。獣医がやって来ました。私は両腕でレベルの頭を抱いていましたが、いま彼の意識が消えた、そう感じました。鎮静剤が注入されたのです。私は彼の体重が自分の胸に落ちてくるのを感じていました。獣医は告げました。これから彼の頭を押さえて、無事に安楽死できるように最後の注射を打ちます、と。その瞬間、涙があふれて何も見えなくなってしまったことを、いまでも覚えています。彼の体が地面に落ちたとき、私の心は打ち砕かれました。まるで世界からあらゆる幸せがはぎ取られてしまったかのようでした。彼はもうこの世界にいない……。しばらくして、ポニーボーイに彼の遺体に会ってもらいました。馬にも死を悼む心があります。それに彼らは15年間ずっと一緒だったのです。ポニーボーイにはレベルが旅立った姿を見せてあげる必要がありました。そうでないと、仲間がどこかに連れて行かれたと思ってしまうかもしれませんから。レベルの遺体を火葬場に運ぶ車を待つ間、彼のそばに座って過ごしてから、友人に頼んで、彼の毛をひと房刈り取ってもらいました。これを書いているいまでも、私のなかでは整理がついていません。あのとき、彼の命を終わらせたことが正しかったのかどうか……。ですが、心の奥深くではこう悟っている自分もいます。彼は苦しんでいたし、私は彼の親友として優しさと慈愛を込めて、最後にしてあげられることをしたのだ、と。

レベルを亡くした直後から、これまでに体験したことのないほどの大きな心痛や喪失感を味わう日々が続きました。精神的にも肉体的にもとても苦しかったです。体に穴が開いてしまったように感じ、悲しみのあまり声も出ず、涙が勝手に流れてきました。悲しみの墓のようになってしまったこの体を脱ぎ去りたい、そう思ってもできませんでした。馬小屋に戻ってもレベルがいないなんて耐えられない、そんな気持ちにもなりましたが、私にはポニーボーイがいました。これは本当なのですが、ポニーボーイは私に会うなり、こちらを見つめて、こう伝えてくれたのです。「わかるよ。調子がよくないんだよね。こっちへおいで」と。それから、私たちは一緒に静かな1日を過ごしました。馬小屋の外に広がる草原を見つめ、太陽が沈んでいく様子を見守りました。

亡くなった馬の尻尾の毛を記念に取っておく伝統がありますが、私はレベルのたてがみと前髪もひと房ずつもらうことにしました。私の寝室の壁には、三つ編みにしたレベルの尻尾と一緒に、彼の頭絡［頭部に装着する馬具］、そして彼の名を刻んだプレートが飾ってあります。彼の尻尾の毛からブレスレットも作りました。身に着けていれば、いつでも彼と一緒にいられますから。いまのところ、彼の遺灰は私の家に置いています。いつかここと思える場所が見つかったら、散骨するつもりです。ポニーボーイがそばにいてくれなかったら、私は1日たりとも生き続けられなかったと思います。数カ月後、元同僚が1匹の馬を買い取ったと知らせてきました。家賃滞納におちいった馬主が手放したそうです。「ぜひ乗りに来て、あなたにぴったりの馬だから」。彼女から何度もそう誘われて、とうとう私も根負けして会いに行くことにしました。その馬はすべてが素晴らしかったのですが、ただひとつ残念なことがありました。そう、彼はレベルではなかったのです。数カ月後、私はアラゴンという名のその馬を引き取りました。アラゴンは悲しみの泉から、私を助け出してくれます。笑わせてくれ、自由に羽ばたいている気分を再び感じさせてくれます。彼の背中に乗って草原を散歩していると、ほんのひとときですが、悲しみが和らいでいきます。レベルのお気に入りの場所に来ると、ふと悲しみが胸を刺しますが、そのときはアラゴンにレベルの思い出話を聞いてもらっています。

とはいえ、実際には悲しみにすっかりのみ込まれてしまう瞬間もあります。レベルが旅立ってから2年が経とうとしています。私は胸に空いた穴を埋めようと、できることはなんでも試してきましたが、銀行口座の残高が空になっただけでした。レベルの写真を見るだけで辛くてたまらない気持ちになる日もあります。そんな私を見て、たくさんの人たちが「でも、こんなに素敵な新しい馬がいるじゃない！」と声をかけてくれますが、もう悲しむのは終わりにしなさいと言いたいのでしょうか。ですが、悲しみに制限時間などありません。ぽっかり空いた穴が埋まる日付が決まっているわけではないのです。数カ月前から、グリーフカウンセリング［死別体験者の深い悲しみの感情に寄り添い、立ち直りを支援する心理相談］を受けていますが、おかげで私は悲しみや怒りを恥じなくてもいいことを知りました。思い出を手帳に記録する作業も始めて、日々悲しみをはき出すようにしています。ですが、ときに悲しみは私の心の隙をついてくるのです。つい先日、馬小屋から草原のほうを見ると、見慣れない栗毛の馬がポニーボーイと一緒にくつろいでいる姿が目に留まりました。あの子はレベルかしら……一瞬そう感じてしまい、すぐにがくりと肩を落としました。いまの私にできるのは、悲しみを取り出しては、あるがままに感じることだけです。そして、心の調子がいい日には、レベルと過ごした素晴らしい日々を思い出したり、自由に走る彼の姿を想像したりしています。先に旅立った仲間の馬たちと一緒に、どこまでも続く青々とした牧場を自由に駆けていくレベル……。彼がまとっていた糖蜜と大地の香りを、何より恋しく思っています。

どの動物も特別な存在

次のコメントを寄せてくれたのは、動物保護活動家として目覚ましく活躍する私の友人パティ・マークだ（ニワトリを中心にあらゆる動物を保護している。彼女に見つかった動物虐待者は降参するしかないだろう）。彼女は羊について書いてくれた。あまり取り上げられない動物なので、この本で触れることができて、とても嬉しく思っている。

私の愛しいプリンスは数週間前に亡くなりましたが、なかなか受け入れられずにいます。36年間暮らした家から引っ越したのも、彼が歩き回れる小さな牧場が必要だったからです。食肉処理場で生まれ、生後2日でわが家にやって来たプリンスはとても小さく、愛らしかったことを覚えています。それから10年にわたり、私たちは人生をわかち合ってきました。心配した友人が掘削機を持ってやって来て、わが家——いまや田舎の動物保護区と化しています——の前庭にお墓を掘ってくれました。私は駆けつけてくれた息子と一緒に、大いに愛され敬われた友を埋葬しました。地面が固まると、とても大きなコンクリートの植木鉢を置き、次の墓碑銘を刻みました。「生涯にわたり何百もの人たちを感動させた羊ここに眠る」

嬉しいことに、犬だけでなく、猫についてのコメントも届いている。ジュリー・ガヴェガンはこんな話を寄せてくれた。

私は2匹の猫を飼ってきましたが、どちらも火葬で見送りました。1匹目はプディという名のオス猫でした。床にこぼれた水をじっと見つめるのが大好きな子で、よくうっとりとしていました。私は彼にそんな一面があって、とてもよかったと思っています。というのも、彼はほかのあらゆることを死ぬほど怖がっていたからです。まさに怖がり屋（スケアディ・キャット）さんという表現がぴったりの猫でした。私はプディの遺灰を湖にまこうと心に決めました。静かで穏やかな場所で眠ってほしかったのです。プディが旅立った数年後、妹のクンパオキティが亡くなりました。彼女は怖いもの知らずの猫でした。太平洋にも大西洋にも連れて行きましたが、彼女は大海の前にたたずみ、波が寄せてきても走り出したりはしませんでした。私はそんな彼女を思いながら、遺灰を海にまきました。お別れしたとき、クンパオキティは24歳になっていました。

彼女のコメントからあらためて感じるのは、どの猫も犬もみな個々の特徴を持った個別の存在だということだ。もちろん、もっといえばどの魚もそうなのだと思う。「魚もですか」

そう首を傾げた人がいたら、「イエス」と答えておこう。第6章で、ある女性と彼女を慕うフグとの深い絆について、私の見解をお伝えしているので、ぜひ読んでもらえたらと思う。

犬やその性格に関するコメントのほうが多いとすれば、それは単に人間と犬が社会性の極度に発達した者同士として、息が合っているからなのかもしれない。キャロリーナ・マイヤーのコメントを紹介しよう。

昨年、愛犬のうちの3匹が旅立っていきました。2匹は癌、1匹は自己免疫疾患でした。彼らの埋葬は1匹ずつ行いました。それぞれのお墓で、お気に入りのブランケットやオモチャと一緒に眠ってもらいました。私たちは追悼の儀式を行うためにお墓に集まると、愛犬に向かって語りかけ、どんなところがいちばん好きだったのか、どんなことを最も恋しく思うのかを伝えていきました。いちばん愉快な、あるいはかわいらしかった思い出についても話したのですが、そのときはみな声が大きくなるのでした。私たちは愛犬を1匹亡くすごとに、数日後に動物管理局を訪れて、殺処分を待つ犬を1匹ずつ保護していきました。そして、いまでも旅立っていった犬たちの愛らしい動画や写真を共有し合い、それぞれの犬の命日には追悼式を行っています。

殺処分を待つ犬を保護することには大賛成だ。愛犬からもらった愛情に対して、とても素敵なかたちで恩返しをすることができると思う。さて、追悼式でのお約束といえば、やはり思い出をわかち合うことのようだ。

ゾイ・ワイルはこんな回答を寄せてくれた。

わが家の敷地には動物たちの埋葬場所があります。お墓の一つひとつに、自分たちで見つけてきた大きな岩を置き、亡くなった動物の名前と、彼らとの大切な思い出の印を刻んでいます。埋葬をするときには、遺体に土をかける前に、亡くなった動物たちの思い出をわかち合うようにしています。どれも楽しく、忘れがたいものばかりです。彼らがわが家にやって来るまでの経緯についても、家族は全員知っているのですが(みな保護動物なので)、やはり話すことになります。思い出話を終えると、遺体に土をかぶせ、その上に球根や花や低木を植えます。息子からは、動物たちみんなが眠っているのだから、わが家の土地は絶対に売らないでほしい、と言われています。

著名な動物保護活動家のキム・ストールウッドは「愛犬シェリーを彼女が大好きだった秘密の場所に葬りました」と打ち明けてくれた。だが、私はすぐにはその真意を理解できなかった。なぜ秘密の庭（シークレット・ガーデン）なのだろうか。犬が秘密を持っているとも思えないのだが（人間の打ち明け話は秘密にしてくれるけれど）……。そう考え込んでいると、フェイスブック友達のひとりから、愛犬に関する次のコメントが届いて、たちまち納得した。

> 私が8歳のとき、親友のゴライアが急に姿を消してしまいました。家族で夏の休暇に出かけている間の出来事でした。私は岩を取ってきてゴライアの名前を刻むと、ともに暮らした家の横に置き、そこを彼のための秘密の庭にしました。きっと秘密の庭は犬と私それぞれの心のなかにもあって、思い出の数々がそっとしまってあるのだと思います。

なるほど、2人だけの秘密の庭ということなら、私にも理解できる。

旧友のジェリー・ツァガラトスはこんな情報を教えてくれた。私には初耳だったのだが、ペギー・グッゲンハイム［美術収集家。グッゲンハイム美術館の創立者ソロモン・グッゲンハイムの姪］の墓はヴェニスのペギー・グッゲンハイム・コレクション美術館にあり、その隣には彼女が飼っていた14匹のラサアプソ［チベット原産の長毛で垂れ耳の小型犬］の墓がずらりと並んでいるそうだ。

愛する動物が生き方を変える

愛する動物の死をきっかけに、生き方を大きく変える人もいるが、素晴らしいことだと思う。アンドルー・ベッグはこんなコメントをくれた。「私の猫が車にひかれて亡くなったとき、禁煙を誓いました。それから今日まで、たばこを吸うことは彼の思い出を冒瀆することだと思って生きています。13年経ちますが、決意が揺らいだことはありません」

ギャリー・ローウェンソーの人生も、愛猫マイクのおかげで変わったそうだ。

彼のおかげで私はヴィーガンになり、動物保護活動家になりました――しかもこれまでのキャリアを捨ててまで、活動に専念するようになったのです。彼と暮らす前の私は、動物について5分たりとも考えたことがありませんでした。

マイクは素晴らしい猫でした。食べ物が大好きなのに、ディナーの途中でも私が帰って来ると駆け寄ってきました。毎日、ハーネスとリードを着けたマイクと一緒に散歩をしていると、わが家の庭もまるで別世界のように新鮮に見えたものです。彼は5年前に旅立ちました。それからは毎日、出かける前に30秒の時間を取って、心のなかでマイクに感謝を伝えています。私の目を開いてくれたこと。彼がしてくれたすべてのこと。そして彼がくれたギフト——彼を知り、愛し、愛されたこと——にありがとう、と唱えています。

フェイスブックで私に回答してくれた人の多くは、猫や犬について知るうちに動物保護活動に目覚めていったようだ。ヴィーガンになった人もいる。

一方で、そこまでの転身はしないまでも、いつもとは違う体験をした人たちもいる。ニュージーランドに暮らす、家族ぐるみの旧友レイチェル・ウィルソンもそのひとりだ。助産師であり、鍼師でもある彼女はこんなコメントを寄せてくれた。「愛犬キュリの最期は自宅で看取りました——わが家の子供たちが生まれたのも自宅です——彼女に安心して穏やかに旅立ってほしかったからです。私たちはキュリにリラックス効果のあるフラワーエッセンスをつけてあげると、ベッドで彼女を抱きしめていました。獣医は静かに注射を打ち、キュリを永遠に眠らせました。すると不思議なことが起こりました。通りの先の家で暮らす犬がやって来て、わが家の私道に座り込むと、遠吠えをしたのです」

なかにはかなり風変わりなエピソードもあるが、私としてはつい信じたい気持ちになる。慈善団体「コンパッション・イン・ワールド・ファーミング（世界の家畜に思いやりを）」の広報大使を務めたジョイス・デシルヴァが寄せてくれたエピソードもそのひとつだ。「私はオスとメスの猫のきょうだいを飼っていました。メス猫が亡くなると、わが家の庭のガレージのすぐ脇に埋葬しました。お墓に面しているガレージの壁には窓も飾りもありませんでした。ところが、翌日に様子を見に行くと、オス猫のチャーリーがその殺風景なガレージの壁をじっと見つめていたのです。まるで彼には何かが見えているようでした。でも、そこには何もなかったのです。植物も蝶々も……なにひとつありません。それでも彼はしばらくじっとたたずみ、ただただ壁を見つめているのでした」

これもよく話されるテーマだが、遺灰を一緒にすることについても取り上げておこう。オードリー・シュワルツ・リヴァーズは次のコメントを寄せてくれた。「火葬した犬や猫の遺灰を素敵な木製やガラス製の骨壺に入れて、リビングの特別な場所に飾っています。いつか私の遺灰も一緒にしてもらい、再びみんなが揃った状態で、ある特別な場所に散骨してもらえるよう、すでに遺言に書いてあります」

愛する動物の最期を獣医の手に委ねるという考えに、なぜ私は反感を覚えるのだろうか。理由はいまいちわからないのだが、そう感じてしまうことはたしかだ。そんな私でも参考にできそうなアプローチを教えてくれたのは、ジニー・キッシュ・メッシーナだ。彼女は長い年月の間に16匹の猫たちを看取っているが、全員が自宅での安楽死だったそうだ。彼女はこう話してくれた。「私のオフィスには、猫たちの遺灰を入れた大きな缶を置いていて、アッシジの聖フランチェスコ［中世イタリアのカトリック教会の聖人。動物と話した逸話を持つ］の小さな像が上から見守っています。隣には猫たちの写真のモンタージュも飾ってあります。私は猫たちを記念して、自分が設立に協力した野生猫の保護団体に寄付をし続けています（実はこの団体を支援するなかで、たくさんの猫たちがわが家にやって来ることになったのですが）」

思い続けるための場所

さて、なんといっても、ケリー・カーソンの次の言葉にうなずかない人はいないだろう。「何かしらでも追悼儀式を行わなければ、悲しみの置き場所が見つからないのです」。なんて的確な表現なのだろう。動物への思いや追悼儀式を大切にしたい気持ちが伝わってくる。デイヴ・バーナザーニのコメントからも同じ思いがくみ取れる。

カリフォルニア州ラファイエットの小さなアパートメントを取り仕切っていたのは、愛すべき地域猫のブラウニーでした。端正で紳士的なシャム猫の彼は、居住者に捨てられながらも、王様のような暮らしを送っていました（一応私たち人間もいたのですが）。彼はアパートからアパートへと移りながら、気の向くままに食べたり寝たりする家を選んでいました。私たちの家は2階にありますが、彼はバルコニーによじ登ってやって来て、わが家の2匹のメス猫たちと一緒に昼寝をするようになりました。メス猫たちは私たち以上に彼を熱烈に慕っていました。ある日、ブラウニーを痛ましい事故が襲いました。駐車場で車にひかれて亡くなってしまったのです（私はそのとき仕事中でした）。すると、アパートの住民たちがブラウニーを、敷地内の静かで人目につかない片隅に埋葬してくれました。お墓の上にはメモリアルストーンが並べられ、花が供えられ、常夜灯までもが取りつけられていました。私は小さなベンチを設置しました。妻や住民の皆さんにそこに座って、ブラウニーとゆっくり過ごしてもらえたらと思っています。

彼のコメントにはベンチを写した素敵な写真が添えられていた。ベンチの目の前には、美しいペイントが施されたメモリアルストーンが並んでいる。

今日では一部の教会が、人間と動物が一緒に参列する「ブレッシング・オブ・ジ・アニマルズ」［あらゆる動物を祝福する祭典。13世紀にアッシジの聖フランチェスコが始めたとの説がある］を毎年開催している。立ち上げ人のひとりスーザン・ポルトはこうコメントしてくれた。「この祭典も11年目となります。毎回たくさんの方が参列してくれています。教会の信徒もそうでない方もいらっしゃいます。祭典では、亡くなった伴侶動物について、参列者に語ってもらっています。11年もの年を重ねてきたので、たくさんの物語が共有されてきました。涙したり、笑ったり、鼓舞されたり。参列した動物たち――人間のほうです――にとって、一生の思い出になっていることでしょう」

12
Healing Rituals That Memorialize Lost Animals

最後に、とてもまっすぐな気持ちを伝えるブログの一節を紹介させてもらおう。ヴィーガン・アニーが愛猫チンピーボーイへの思いを綴っている。

先日の火曜日のことです。かわいくて元気で大胆不敵なチンピーは、私たちのベッドに寝ていました。彼はほとんどの時間をそこで過ごすようになっていたのです。私も彼のそばに横たわり、その瞳をのぞき込みました。するとすぐにわかりました。ああ、チンピーはもうあきらめてしまった、と。治ろうという意志が消えていたのです。私はすっかり気落ちしてしまいました。獣医たちは最後に手を尽くして彼を回復させようとしてくれました。ですが、水曜日の午後に電話口で聞いたのは、誰もが聞きたくない言葉でした。

「助かる見込みはありません」

私は安楽死の準備をするように頼み、すぐに向かうと伝えました。動物病院に着くなり処置室に案内されました。柔らかいベッド、小さなキャンドル、いまからチンピーを楽にしてくれる注射……。すでに準備は整っているようです。安楽死専門のテクニシャンがチンピーを大事そうに腕に抱えて連れて来て、小さな簡易ベッドに横たえると、私を残して全員が退室しました。ひとりでさよならを告げる時間をくれたのです。小さな体で、私の人生にたくさんの喜びを与えてくれたチンピー。私は彼を抱き上げると、腕のなかであやしながら、彼の瞳をのぞき込み、ありがとう、愛しているよ、ずっと忘れないよ、と伝えました。彼は私を見つめ返してくれて、苦しそうに少し息をしてから、私の腕のなかで旅立っていきました。

私はブランケットを敷き詰めた棺にチンピーを入れて、家に連れて帰りました。棺は私たちのベッドに置きました。彼はいつもそこで眠るのが大好きでしたから。夫が帰宅すると、私たちはチンピーを、彼がよく座っていた場所に埋葬しました。チンピーには首輪を着けておき、誰かが何年か先にお墓を見つけたときのために、小さなメモも入れておきました。私はその誰かに伝えておきたかったのです。ここにおかしな名前と、もっとおかしな尻尾を持つ猫が眠っていることを。愛され、愛してくれた猫。精いっぱい生きてくれた猫。私たちにとって、とっても大切な存在が、いまもここにいることを。

愛する動物を讃えて、ずっと思い続けるための何かしらのよいことをする。それこそが、私たちにできる最良のことなのだと思う。私たちは世界を動物たちにとってよりよい場所にしたいと思っている。追悼の儀式はその思いを終わらせるものではなく、これからも思い続けるための力になってくれるはずだ。

CONCLUSION

The Never-ending Grief of Saying Good-bye

結論

果てない悲しみを抱いて

私はこの本を書きながら、犬や猫を失った体験について人々と話をしてきた。多くの人たちが「初めて知る悲しみだった。こんなにも深い感情が自分にあるとは思わなかった」と打ち明けてくれた。それどころか、こんな声もたくさん聞いた。「父や母を亡くしたときでも、ここまで悲しんだりはしなかった」、「押し寄せる悲しみの波に、とにかく流されるままだった」、「なにひとつ手に付かない日々が何週間も続いた」

ここで、古くからの家族ぐるみの友人マット・メスナーの声を紹介しておきたい。愛犬リアノンを失ったときの深い悲しみについて綴ってくれている。

リアノンの死は私にとって最も辛い別れとなりました。彼女はこれ以上ないくらい小さなコーギー犬でしたが、頭に血が上りやすくて、とても激しい性格をしていました。飛び切り利口で誰からも愛され、いつもその場をステージに変えてしまい、注目を一身に浴びながらみんなを楽しませてくれました。一緒に散歩をしていると、彼女の燃えるような存在感が伝わってきて、私は口に出しこそしないものの、こう感じていました。こんなにエネルギーを使って生きていたら、命が短くなってしまわないだろうか、と。彼女はあまりにも強い光を放っていたのです。そして、リアノンはわずか9歳にして、血管肉腫と診断されてしまいました。転移の速い血液のがんで、たちまち死に至る病気です。最期は私の隣で眠りながら旅立っていきました。愛犬たちのなかで、私たちが命を終わらせる決断を下す前に逝ったのは、リアノンだけです。彼女は自分で最期を決めてくれたのだと思います。一緒に暮らしていたほかの犬たちは、リアノンが旅立っても遺体に近寄ろうとしませんでした。きっと前もって彼女から別れを知らされていたのだと思います。私はとても悲しくて、呼吸の一つひとつにも痛みを伴うほどでした。数週間にもわたって、周りに聞こえるほどの大きなため息をつき、どこへ行っても彼女の名前を呼んでいました。悲しみに暮れて、周りが目に入らなくなっていました。気が触れていると思われてもしかたない様子だったと思います。それでも、いずれは亡くなった動物も、これまで死別してきたほかの存在と同じように、自分の一部になるときがやって来ます。これは生前には一部でなかったという意味ではありません。動物の死を受け入れて、一緒にいまを生きられるようになるのです。人は動物を失う体験を通じて、彼らがいかに大事な存在だったのか、より深く感じられるようになるのだと思います。

彼はこんなコメントも添えてくれた。「皆さんにぜひ知ってほしいことがあります。強く悲しむこと。それはあのふわふわの子たちからたくさんの愛を受け取り、そして与えるプロセスの一部なのです。そう、このプロセスは誰もが安心してたどっていいものであり、相手が人間ではないからといって、罪悪感を抱いたり、みっともなく感じたりする必要はありません」

彼の言うとおりだと思う。動物を亡くした人が深く悲しむ姿を見て、面食らってしまう人は多いと思うが、それはきっと自分でも気づかないうちに、文化的な刷り込みによって「しょせんはただの動物じゃないか」と考えているからだ。これは誤った思い込みであるにもかかわらず、現代社会にあまりに深く浸透しまっているので、染まらずにいられないのだろう。

しかも、こんな考えを持ってしまうと、自分自身の感情——動物を亡くして初めて知る深い悲しみ——に向き合う心の準備もままならないはずだ。失って初めて愛を知るというのもおかしな話だが、実際にはたしかにあることなのだ。

それにしても、どこまでも謎は尽きないものだと思う。人間がほかの生き物とこれほど親密になり、完全に心を許し合っている。そのこと自体が神秘であり、きっとずっと謎は解けないだろう。だが、私たちは答えがわからなくても、動物たちとつながることができる。

一方で、私たちの胸を張り裂くのもまた、まさにこの親密さなのだ。なぜなら、最後にはほぼすべての伴侶動物が、私たちが別れを覚悟するずっと前に旅立ってしまうからだ。私がこの本でたびたび子供に言及してきた理由もここにある。私たちにとって、伴侶動物は代理出産で生まれた子供のような存在なのだと思う。これはけっしてネガティブな意味で言っているわけではない。現に、なんらかの理由で子供を持たないと決めた夫婦が、猫や犬や鳥に惜しみない愛情を注ぐケースはとても多い。そういう人たちを見て、ときに訳知り顔の笑みを湛えながら、動物は子供の代わりになる、と言い出す人たちもいるが、これは間違った考え方なのだと思う。つまり、こう考えるべきではないだろうか。あらゆるかたちの幸せな家族が存在し、その一員として動物もいることで、家族の幸せはもっと大きくなる、と。

悲しみは、愛情を注いだあなたのもの

愛することに理由はいらないし、あなたが惜しみない愛情を注ぐと決めた動物のことを、適切な対象でないと説く権利など誰ひとり持っていない。どんな動物でももちろん愛すべき対象だし、どんなときでも愛情を注ぐ相手を決めるのはただひとり、あなただけなのだ。

これはつまり、人生をともにした誰か——子供、配偶者、親族、人間の友、動物の友——を失ったときに、どれだけ長く深く悼むかを決められるのも、あなただけということだ。もしかしたら、ペットのいない人が「もう十分悲しんだでしょう」と言ってくるかもしれない。そんなときは心置きなく無視すればいい。あるいは動物の喪失体験について教えてあげたほうがいいかもしれない。もっとお勧めなのは、仔犬か仔猫と一緒に暮らしてもらい、その人の人生がゆっくりと変わっていく様子を見守ることだ。

私の素晴らしい友人のケースを紹介しよう。心理学の教授としてロンドンに暮らす彼と、才気あふれる彼の妻にとって動物は、まあ、いってしまえば、厄介者でしかなく、知的好奇心を抱く価値のない存在だった。ところが19年後のいま、私の元には彼らの仔犬の写真が定期的に届いている。どうやら愛犬に底なしの愛情を注いでいるようだ。やがて悲しみ

がやって来ても、「愛すべき対象ではなかった」などという言葉は、どちらの口からも出てこないだろう。

「動物のおかげで人間になれる(animals make us human)」という言葉がある(テンプル・グランディンの著書[*1]のタイトルに使われた言葉だ。そういえば、私と野生生物写真家のアート・ウルフとの共著も『*Dogs Make Us Human*〔犬のおかげで人間になれる〕』というタイトルだった)。この言葉を最も実感するのは、私たちが動物を失って悲しんでいるときだろう。なぜなら、感情こそが私たち人間のまさに核心だからだ(ゆえに感情知性〔EQ〕が大切なのだ。いまやEQはほとんどバズワードと化して、知能よりも重視されつつある)。そして感情があるからこそ、私たちは伴侶動物だけでなく、どんな動物に対しても――たとえ直接知らない動物であっても――、その死を悼むことができるからだ。稀有ではあるが、こんな人たちもいるそうだ。日常的に食肉として消費される動物たちの死を悼むことができ、トラックが動物を食肉処理場に運んで行くのを見て、ともに暮らした動物を亡くしたかのように深い悲しみを感じられる人たち……。こんな人たちが大半を占めるようになれば、世界はさぞかし素晴らしい場所になるだろう。動物の死は、私たちの内なる感情を解き放ってくれる。それは自分でも初めて知る感情かもしれない。自らの本質の最も深いところに触れるこの体験は、動物たちからのギフトともいえる。私は、愛する動物を失って純粋な悲しみを味わった人たちから、未知の感情に気づかされたときの様子を聞いてきた。ひとりはこう打ち明けてくれた。「とにかく涙があふれ、あとからあとから押し寄せる波のようで、自分でも驚いてしまいました。もちろん犬のことは愛していましたが、こんなにも圧倒的な悲しみに襲われるとは、思いもしなかったのです。人生が悲しみにのみ込まれてしまったような、そんな感覚でした。友人たちにはとても感謝しています。彼らは私をからかうことなく、ひたすら心を寄せてくれたのです」

私は長年にわたり、次の問いに向き合ってきた。犬たちは最期が近づいていることを、わかっているのだろうか。あるいは、ひたすら私たちのことだけを思いながら、世界でいちばんの親友のために、なめてあげよう、尻尾を振ってあげようと、最後の力を振り絞ってくれているのだろうか。そんな彼らの姿に涙をこらえられる人はいないはずだ。

この本を書き終えたいま、私はこう確信している。犬たちは最期が近づいていることを、たしかにわかっている。彼らには死の概念があり、死について考えている、というより、死を感じている、と。そして、犬たちが死をどう思っているのか、それを私たちが正確に知ることはできないということも、あらためて実感している。

この本は夢の話から始まったので、最後も夢で終わろうと思う。あるよく晴れた春の日、私はベンジーと一緒にベルリンの森を散歩している。すると葬式が催されていたので、私たちも葬列に加わることにした。やがてお墓に着くと、ちょうど棺が土のなかに沈められるところだった。どうやら棺の蓋が開いているようだったので、好奇心がもたげてきて、のぞき込んでみると、なかにいるのはベンジーと私だった。

そう、これは私の心を表している。ベンジーが死んだら、私の一部も一緒に逝ってしまう、そんな気持ちが夢に出たのだと思う。こうして最後の数行を書いているいまも、ベンジーはまだ生きていてくれている。14歳という年齢は、心臓に問題を抱えた大きなゴールデン・ラブラドール・レトリーバーとしては、かなりの高齢といえる。彼が抱える問題、それは心臓が大きすぎること。でも、しょうがないのだ。あれだけの愛情を詰め込もうとするのだから。

著名な作家ローリー・ムーアの短編集『アメリカの鳥たち』に収録された1篇［「クリスマスになれば」。以下、引用部分は岩本正恵訳］には、エイリーンという登場人物が猫のバートの死によって、すっかり心の安定を失ってしまう様子が描かれている。彼女がバートと連れ添った年月は10年に及び、夫との付き合いよりも長かった。彼女はひたすらバートとの思い出に浸っていた。楽しかったこと、感動したこと。

「一度、鍵を探しながら『キーはどこかしら』って声にだして言ったら、あの子ったらとんできて。『猫ちゃん（キティ）はどこかしら』って言われたと思ったのね」

夫ジャックは理解を示さず、精神科の受診を促すばかりだった。エイリーンはためらいながらも夫の意見を聞き入れるが、精神分析医に会うなり、こう告げるのだった。

「つまり」とエイリーン。「プロザックじゃないんです。フロイトの誘惑の放棄理論でもないんです。ジェフリー・マッソンも忘れてください」

この一節をいまになって初めて読んだ私の驚きは、ご想像のとおりだ。著者がまさか私の考察を取り上げるとは思わなかった。実は、かつて私は、幼児期の性的虐待の記憶に関する自らの学説をフロイトが否定したことについて、考察をまとめた本[*2]を発表して、かなりの論議を巻き起こしたことがあるのだ。まあ、それはともかく、私はエイリーンの意見に心から賛成する。ペットの死に向き合うために、知的な議論や心理分析に身を投じるなんて的外れだ。きっと投薬治療も適さないだろう。処方薬やその他を使って、感情を抑制するべきではないと思う。

あなたなりのやり方で、心ゆくまで讃えよう

あなたが悲しみを感じているなら、それがどれだけ深かろうと、どれだけ長引こうと、どんな相手に対してであろうと（犬、猫、鳥、馬、羊、ニワトリ、金魚、ウォンバット、クロコダイル……）、その悲しみを理解できる専門家はただひとり、あなたなのだ。悲しみに区切りをつける（つけるならば）ときを決められるのも、あなただけだ。どこかの専門家の手を借りる必要はない。彼らはあなたの気持ちを本人よりもわかっているつもりでいるだろうが、誰にもそんなことはできない。悲しみや愛、人間が人間らしく生きるために大切なあらゆる感情について、専門家を名乗れる人など実際はひとりもいないのだ。あなたに必要なものは、家族や友人の愛とサポートだけだ。犬や猫などの動物たちのおかげで、私たちが深い感情を味わっているのなら、動物たちは成功したのだ——私たちをより人間らしくすることに。私たちはこれ以上彼らに何を望めるだろう。さあ、最後に私から読者の皆さんに、次のメッセージをお届けしておきたいと思う。あなたの愛する動物と過ごす時間を祝福しよう。そして、さよならを告げるときが来たら、自分なりのやり方でいくらでも時間をかけて見送ってあげよう。彼らが生きたこと、彼らが贈ってくれたギフトを心から讃えよう。

POSTSCRIPT

追記

ベンジーは今日、2019年8月1日に息を引き取った。

彼が旅立つまでの経緯を、少し説明させてもらおう。イランが半年間バルセロナに行くことになったが、ベンジーは移動に耐えられる状態ではなかった（ほとんど歩けず、階段の上り下りもできなかった）。そのため、妻レイラがバイエルン州にいる彼女のいとこに掛け合ってくれた。レイラのいとこは、アルプス山脈のふもとで児童用キャンプ場を営んでおり、そこでベンジーを預かってくれることになったのだ。いまから2カ月前、イランはベルリンから車でベンジーを連れて行き、彼が新しい住み家に慣れるまで一緒に過ごした。ベンジーはたちまち順応してくれて、さらに嬉しいことに、キャンプ場の誰もが彼と仲よくなってくれた。ベンジーはあっという間に子供たちの涙(家庭に問題があって入居してきた子たちだった)を受け止め、寂しい夜を癒す存在になった。ベンジーは歩きたがっていたが、それも日に日に難しくなっていった。そこで、太陽の下で寝そべったままのベンジーの元に、みんなのほうから会いに来るようになった。亡くなるわずか1週間前には、レイラとイランもやって来た。ベンジーは彼らを見ると、きょとんとして、やや混乱してしまい、「誰だろう。知っている気もするけれど」とでも言いたげだったが、すぐに理解して、駆け寄ってきた。それからは3日間ずっと2人のそばを離れず、彼らをなめ続けながら、その温和な顔に至福の表情を浮かべていた。その様子は写真(308頁)にいるベンジーとイランを見れば一目瞭然だ。ベンジーはこのうえなくリラックスしていて、満足げにイランのひざ――彼のお気に入りの場所だ――に顔を預けている。彼は体力を取り戻したかのようになり、機敏でエネルギーに満ち、湖のほとりの散歩までたっぷり楽しんだのだった。家族と再会して大喜びするベンジーからは、キャンプ場に置いていかれた恨みはまったく感じられなかった。そう、彼は新たな家での新たな友との暮らしを楽しんでいたのだ。ベンジーは愛することにかけては天才的で、どこでもその才能を発揮できる。ただそれも、彼と一緒にいたいと思う人たちに囲まれている場合にかぎるのだが、彼を好きにならない人などまずいないのだった。

だが、そんな日々も昨日までだった。「ベンジーの衰弱が急に進んでいる」レイラのいとこから、レイラとスペインにいるイランに電話で悪い知らせが届いたのだ。ベンジーは起き上がることもできず、苦しそうにしているという。容態が悪化するベンジーを見かねて、獣医を呼んでいるところだった。

そこから先の経緯はこうだ。獣医がやって来て、ベンジーの肺と肝臓いっぱいに水が溜まっていると診断した。獣医とレイラのいとこ、たくさんのベンジーの新しい友人たちはベンジーを牧草地まで運んだ。それから睡眠薬を与え、安心していびきをかいているうちに、獣医が安楽死の注射を打った。ベンジーは痛みも何も感じずに旅立っていったという。いま彼は農場を見わたす牧草地で眠っている。

ベンジーはたくさんの人たちに、たくさんの愛情を与えてくれた――これは彼が恵まれた特別な才能だった。彼はとにかく愛さずにはいられなかった。誰であっても、どんな生き物であっても。人間、鳥、リス、そしてネズミの赤ん坊さえも愛していた。感情ある生き物なら、彼に愛せないものなどなかった。そして愛された生き物たちも、彼を愛するようになる。ベンジーからあふれ出す温和さ、優しさ、思いやり、同情心に参ってしまうのだ。彼には特別なカリスマ性があって、愛にあふれた人たちが束になってもかなわないほどだった。ベンジーが旅立ったという知らせを、ここシドニーで聞いた息子マヌーと私は、互いの腕に顔を沈めて泣きじゃくってしまった。それでも、ほんの1週間前にレイラとイランがベンジーと最後のひとときを過ごせたことを思うと、2人ともとても幸せな気持ちになった。ベンジーは彼らがやって来るのを待ってから、未知の世界（ザ・グレイト・アンノウン）に旅立ってくれたのだと思う。もしも向こうにも世界があるのなら、そこの住人たちはとても幸せ者だ。こんなにも純粋な愛にあふれた生き物と、これから一緒に暮らせるのだから。

Acknowledgements

謝辞

この本をわが息子イランに捧げたい。彼がもうひとりの息子マヌーとともに私の人生をあらゆる面で計り知れないほど豊かにしてくれたこと、そしてベルリンで愛犬ベンジーと2年にわたり一緒に過ごしてくれたことに、深く感謝している。イランはベンジーを愛情で包み込み、ベンジーも特別な愛情——彼を有名犬たらしめたものだ——で彼に応えていた。これが次男のマヌーでも、きっと同じようにしてくれたと確信している。なんといっても彼は人生のほとんどをベンジーとともに過ごしてきたのだ。思えばマヌーの人生にはいつでも動物たちがいた。そのおかげもあって、彼は並外れた優しさと親切心を持つ人物に成長してくれたと思っている。

古くからの友人アンディ・ロスにお礼を言いたい（知り合ったころ、彼は伝説の書店コディーズ・ブックスのオーナーで、バークリー市テレグラフアヴェニューの店舗もまだ現役だった）。現在彼は私の著作権エージェントをしてくれているが、瞬時にEメールに返信してくれるエージェントは彼だけだ。彼のもうひとつの美点は、わがよき友ダニエル・エルズバーグの言葉を借りてお伝えしておこう。最近、ダニエルと私とアンディの3人でコーヒーを飲んだときのことだ。アンディが先に帰ると、ダニエルが抗議してきたのだ。「ジェフリー、アンディがこんなに愉快な人だって教えてくれなかったじゃないか」と。

妻のレイラには心から感謝している。彼女はこの本を読んで、いつもながら洞察に富む意見をしてくれた。この25年間、彼女は私の人生をずっと照らしてくれている。私がいまあるのはすべて彼女のおかげだ。

愛しい娘シモーネにもお礼を言いたい。彼女は子供のころからたくさんの犬や猫と暮らしてきた（おかげでもうすぐ獣医になる予定だ）。彼女が見せてくれた動物たちに対する感情は素晴らしく、尊いものだった。私が動物の感情世界について書きたいと思うようになったのも、彼女が与えてくれたインスピレーションによるところが大きい。

家族ぐるみの友人で編集者のクレア・ワーズワースにも心から感謝したい。南フランスで犬の群れと暮らす彼女は、私の原稿をじっくり読んで、多くの大切な示唆を与えてくれた。そして何よりも、私の筆が止まってしまったときに、激励の言葉をかけてくれたことに感謝している。

ジェニー・ミラーは私がこれまで書いてきた本のほぼすべてを読んで書評を発表してくれている。もちろん本書も含めてだ。私たちには「犬好きの精神医学嫌い」という共通点があるのだが、彼女の意見はいつも思慮深くて、的を射ていると感じている。長年にわたる助力のすべてに心から感謝したい。

とても多くの人たちがペットにまつわる素晴らしい物語を寄せてくれた。この場で全員のお名前を挙げることはできないが、ほとんどの方のお名前はそれぞれの物語と一緒に本書のなかで紹介させていただいた。私にとって嬉しかったのは、こんなにも多くの人たちが、さまざまな動物について、自らの物語、悲しみ、そして愛情を進んで共有してくれたことだ。また、犬や猫やほかの動物たちについて書かれた素晴らしい本の数々からも、非常に多くを学ばせてもらった。動物たちに関する本はこれからもますます多く執筆されていくことだろう。なんといっても私たちは「ほかの」動物たちの奇跡を発見し始めたばかりなのだから。ちょうど今日、シーグリッド・ヌーネスの素晴らしい小説『友だち』を読み終えたところだ。２０１８年全米図書賞を受賞した本書には、女性と犬との深い友情（実は愛なのだが）が描かれているが、ほんの数年までは考えられなかったような着想が随所にちりばめられている。すべての動物好きにぜひお薦めしたい本だ。

一般にペットの対象外とされる動物は無数にいる。犬や猫や鳥を愛する私たちなら、そんな動物を強く愛する人たちの気持ちが理解できるはずだ。私の友人デヴィッド・ブルックスとテイヤ・プリバックは保護した羊をペットのように愛している。彼らはシドニー近郊のブルー・マウンテンズの美しい自然に包まれながら、その羊とともに暮らしている。テイヤがつい先日書き上げた博士論文は素晴らしい内容だった。動物があらゆる点で人間と同じように悲しみを感じることについて、あらためて明確に理解することができた。

この本を書いている間、私はあの卓越した人物ブライアン・シャーマン（彼は同じく卓越した娘のオンディーンとともに動物保護団体「ヴォイスレス」を設立した）と週に1度のランチを楽しんでいた。ブライアンがいつも連れて来ていたのが、ミラクルという名の犬だった。ミラクルは彼のそばを少しも離れようとしなかったが、いまはなおさら離れないそうだ。というのも、ブライアンの体調が万全ではないとわかって、親友にぴったり寄り添うことを決意しているからだ。ブライアンとミラクル。この2人の姿は私にインスピレーションを与えてくれ、本書のテーマにより深く向き合うことを促してくれた。

そして何より、これまでの人生で動物たちが与えてくれた愛情に感謝したい。数えきれないほどの犬や猫たち、鳥、そしてラットやニワトリやウサギまでもが、私の人生を豊かにしてくれた。彼らが与えてくれたものはあまりに大きく、私の筆が及ばないほどだ。

最後にセント・マーティンズ・プレスの素晴らしいスタッフたちにお礼を言いたい。まず、とても辛抱強くて才能豊かな編集者のダニエラ・ラップ。彼女が担当になってくれて、私は幸運だった。彼女の後押しで、当初は計画していなかった内容を盛り込むことになったが、おかげで本書に素晴らしい広がりがもたらされたと感じている。ダニエラ、より大きな視点で本書を作り上げることを提案してくれて、ありがとう。彼女をサポートしてくれたデヴィッド・スタンフォード・バー、マテュー・キャレラ、アリッサ・ガメーロ、キャシディ・グラハム、ブラント・ジェーンウェイ、エリカ・マルティラノ、ドナ・ノエッツェル、アービン・セラノ、そしてヴィンセント・スタンレーにも感謝を伝えたい。

9

*1 最近、私は妻のレイラと息子のマヌーと一緒にネパールでトレッキングを楽しんだのだが、現地には健康的な「野良犬」たちがたくさんいて驚いた。特に寺院のある村では彼らの姿が目立った。太陽の光を浴びながら寝そべり、とても満足げで、栄養不足とはほど遠い野良犬たち。首輪をつけた犬もいたが、みな幸せそうに野良としての暮らしを送っていたのだ。

*2 Lucy Mills, "Dog Meat, to Eat or Not to Eat?" *China Daily*, February 2, 2012, Chinadaily.com.en.

10

*1 http://siberiantimes.com/other/others/news/n0030-heartbroken-little-dog-becomes-siberias-own-hachiko/. ちなみに記事ではマーシャが亡くなった年を2019年としているが、正しくは2014年だ。

11

*1 米国動物愛護協会(HSUS)が公開している動画はこちらから視聴することができる。https://www.youtube.com/watch?v=ZVyFSTYY7zg/.

*2 https://www.nytimes.com/2018/12/05/opinion/walk-cat-leash.html.

12

*1 ラング・リーヴの詩集『*Lullabies*(子守歌たち)』収録の詩「THREE QUESTIONS(3つの質問)」冒頭より。本詩はGratitude, Joy, Sorrowの3者から、愛することについて質問がひとつずつ投げかけられ、それに答えていくかたちで展開していく。[訳者注]

結論

*1 自閉症の動物学者テンプル・グランディンと著述家のキャサリン・ジョンソンによる共著『*Animals Make Us Human: Creating the Best Life for Animals*』を指す。邦題は『動物が幸せを感じるとき——新しい動物行動学でわかるアニマル・マインド』(中尾ゆかり訳、NHK出版、2011年)。[訳者注]

*2 『*The Assault on Truth: Freud's Suppression of the Seduction Theory*(真実への攻撃——フロイトによる誘惑理論の放棄)』を指す。[訳者注]

Cetacean Cognition," *PLoS ONE* 6 (9), https://doi.org/10.1371/journal.pone.0024121.

7

＊1 ユダヤ系アメリカ人の歴史学者アーノ・マイヤーは著書『*Why Did the Heavens Not Darken?*（なぜ天は暗くならなかったのか）』のなかで、ホロコーストが起こった歴史的経緯について分析している。［訳者注］

＊2 *すべてが虹色に染まるまで*
虹、虹、虹！
そしてわたしは魚を海に放した

＊3 レディ・シンシア・アスキス［作家、選集編者。編書に『*The Ghost Book*（ザ・ゴースト・ブック）』など］はハーディの愛犬ウェセックスのことを「訪問客をかつてないほど苦しめた最も独裁的な犬」と表現した。ドーセットにあるハーディの家をJ. M. バリー［作家。著書に『ピーターパン』など］とともに訪れた彼女は、次のように語っている。「ウェセックスはディナーでは特に抑制が効かなくなりました。食卓の下ではなく、上に乗って、好き放題に歩き回り、私がフォークで食べ物を口に運ぼうとするたび、奪おうとししてきたのです」

＊4 *彼女は幸せだったのだろうか。きっと幸せだったはずだ。なにしろ彼女は、犬がいちばん欲しがるものを手に入れたのだから。そう、彼女は心を捧げる相手を見つけた。退屈で平穏無事な暮らしを送りながら、彼女の癒しを必要としていた人たちだ。*

＊5 *汝よ、たまさかにこの慎ましき墓を見つめる者よ*
立ち去るがよい――ここに弔われるは汝の悼むべき者にあらず
この石碑はわが亡き友を刻むもの
わが無二の友――ここに眠れり

＊6 "Pet Lovers, Pathologized," *New York Times*, October 30, 2011.

8

＊1 最近ヴィーガンに転向した環境ジャーナリストのジョージ・モンビオットの次の記事がとても参考になるだろう。https://www.theguardian.com/commentisfree/2018/jun/08/save-planet-meat-dairy-livestock-food-free-range-steak/.
次の見出しを掲げたこちらの記事も参照されたい。"Nothing hits the planet as hard as rearing animals. Caring for it means cutting out meat, dairy and eggs"（畜産は最悪の環境破壊行為である――地球を守るために肉・乳製品・卵を断つ）, https://www.theguardian.com/commentisfree/2016/aug/09/vegan-corrupt-food-system-meat-dairy/.

年）を参照されたい。

4

*1 "This Cat Sensed Death. What If Computers Could, Too?," *New York Times*, January 8, 2018, https://www.3quarksdaily.com/3quarksdaily/2018/01/this-cat-sensed-death-what-if-computers-could-too.html.

*2 Biloine W. Young, "Is There Healing Power in a Cat's Purr?," *Orthopedics This Week*, June 22, 2018.

5

*1 "The Death Treatment," *New Yorker*, https://www.newyorker.com/magazine/2015/06/22/the-death-treatment.

*2 こうした症例はまれだが実際に存在するため、問題として無視はできない。

*3 https://www.youtube.com/watch?v=P2zQbsEGh-Q.

6

*1 http://www.alioncalledchristian.com.au/.

*2 チトとポチョが一緒に泳ぐ様子はこちらの動画で視聴することができる。https://www.youtube.com/watch?v=I7fZZUfvx0s（現在は視聴不可）

*3 より詳しく知りたい方は、著者自らが『魚たちの愛すべき知的生活』の内容を要約した以下の記事を参照されたい。Balcombe, Jonathan. "Fish Are Not Office Decorations." *The Globe and Mail*, February 8, 2019, www.theglobeandmail.com/opinion/article-fish-are-not-office-decorations/.

*4 Katz, Brigit. "Charlie Russell, a Naturalist Who Lived Among Bears, Has Died at 76." Smithsonian .com, Smithsonian Institution, May 14, 2018.

*5 https://www.wimp.com/story-of-a-goose-who-befriends-a-retired-man-in-the-park/.

*6 ベッセル・ヴァン・デア・コークの著書に*The Body Keeps the Score: Brain, Mind, and Body in the Healing of Trauma*がある。邦題は『身体はトラウマを記録する——脳・心・体のつながりと回復のための手法』（柴田裕之訳、紀伊國屋書店、2016年）。［訳者注］

*7 ルナについてより詳しく知りたい方は、以下の書籍を参照されたい。Michael Parfit and Suzanne Chisholm, *The Lost Whale: The True Story of an Orca Named Luna*, New York: St. Martin's Press, 2013.

*8 Lori Marino and Toni Frohoff, "Toward a New Paradigm of Non-Captive Research on

注

序論

*1 https://www.youtube.com/watch?v=INa-oOAexno.

*2 Illmer, Andreas. "New Zealand Whale Stranding: 'I Will Never Forget Their Cries'." *BBC News*, BBC, November 27, 2018, www.bbc.com/news/world-asia-46354618.

1

*1 ダーウィンは花と虫に関する考察のなかで共進化という概念を紹介した。実際に「共進化(coevolution)」という言葉を初めて用いたのはポール・エーリックで、1964年のことだが、犬に関する文脈ではなかった。機関誌『ネイチャー・コミュニケーションズ』が2013年5月14日に発表した論文では、研究チームが一部の脳内処理系——脳内化学物質セロトニンの処理に影響を与える染色体など——において「共進化」の現象を発見したことに言及している。

2

*1 興味深いことに、すべての家畜化された動物のなかで、恐れを感じたときに、私たちの元に走って来るのは犬だけだ。馬や猫は走って逃げていく。私も多くの猫たちと暮らしてきたが、そんな姿を何度も見てきた。彼らは緊急事態になると野生の祖先に戻ってしまうかのようなのだ。

*2 外猫は幼いうちに命を落とすことがある、というより、実際にかなりの頻度で亡くなっている。自動車にひかれたり、犬やほかの動物に襲われたり、趣味で猫狩りをする心病んだ人間に殺されたり……原因を挙げればきりがない。一方で家猫は往々にして退屈し太っていてのんびりしている。猫本来の動きを発揮するような機会もない。獣医の大半は猫を家のなかで飼うべきだと信じている。統計結果はさまざまではあるが、それでも家猫のほうがはるかに長生きすることはまず間違いない。こちらのウエブサイトもぜひ参考にしてほしい。https://www.americanhumane.org/fact-sheet/indoor-cats-vs-outdoor-cats/

また、英国在住のある獣医は次のように述べているが、まさにそのとおりだと思う。「実際、1歳を迎えられた外猫の寿命は10代後半まで延びる——まさに家猫のように」。ただ、英国では自然界に猫の天敵がほとんどいない一方で、米国には多数存在するということもお伝えしておきたい。

*3 Chiu, Allyson. "An Orca Calf Died Shortly after Being Born. Her Grieving Mother Has Carried Her Body for Days." *Washington Post*, WP Company, July 27, 2018.

3

*1 それまでのシーマについては私の著書『犬の愛に嘘はない』(古草秀子訳、河出書房新社、2009

ジェフリー・M・マッソン
JEFFREY MOUSSAIEFF MASSON

1941年、シカゴ生。ハーヴァード大学でサンスクリット学、
トロントの大学で精神分析学を学ぶ。
『ゾウがすすり泣くとき』(河出書房新社)は世界的ベストセラーに。
『猫たちの9つの感情』『犬の愛に嘘はない』(河出書房新社)など、
動物の感情世界に関する著作多数。

青樹 玲
AOKI REI

翻訳者。立教大学文学部英米文学科卒業。
海外小説、英語学習誌、英語教材書籍の編集者、
英語教材の開発者を経て、翻訳者になる。

ペットが
死について
知っていること
伴侶動物との別れをめぐる心の科学

2021年10月4日　第1刷発行

著　者　ジェフリー・M・マッソン
訳　者　青樹 玲
装　幀　albireo
装　画　太田麻衣子
発行者　藤田 博
発行所　株式会社草思社
〒160-0022 東京都新宿区新宿1-10-1
電話 営業03(4580)7676
編集03(4580)7680
本文組版　株式会社キャップス
印刷所　中央精版印刷株式会社
製本所　大口製本印刷株式会社
翻訳協力　株式会社トランネット

ISBN 978-4-7942-2540-5 Printed in Japan